Gerhard Geisler
Farbatlas Landwirtschaftliche
Kulturpflanzen

Gerste (zweizeilige Sommergerste)

Gerhard Geisler

Farbatlas Landwirtschaftliche Kulturpflanzen

205 Farbfotos

VERLAG
EUGEN
ULMER

Farbfotos von Gerhard Geisler

Die Deutsche Bibliothek – CIP-Einheitsaufnahme

Farbatlas Landwirtschaftliche Kulturpflanzen / Gerhard Geisler. –
Stuttgart: Ulmer, 1991
ISBN 3-8001-4079-9
NE: Geisler, Gerhard

Wollgrasweg 41, 7000 Stuttgart 70 (Hohenheim)
Printed in Germany
Lektorat: Dr. Steffen Volk
Herstellung: Stefanie Baumgartner
Einbandgestaltung: A. Krugmann, Freiberg am Neckar
Satz: Steffen Hahn FotoSatzEtc., Kornwestheim
Druck und Bindung: Georg Appl, Wemding

Inhaltsverzeichnis

Abkürzungen

convar.	= convarietas, Konvarietät
cv.	= cultivar, „Sorte“
f.	= forma, Form
sp.	= species, Art
spp.	= species, Arten
ssp.	= subspecies, Unterart
var.	= varietas, Varietät
bot.	= botanisch
emend.	= emendavit, abgeändert durch…
ex	= aus (dem Werk von)…
2n	= Anzahl Chromosomen in der diploiden Phase
n	= Anzahl Chromosomen in der haploiden Phase
x	= Grundzahl für Chromosomen

Vorwort

Der Altas der Kulturpflanzen des gemäßigten Klimas umfaßt Pflanzenarten, die in Europa auf dem Acker angebaut werden; hierbei sind auch Arten berücksichtigt, die heute z. T. nur noch mit kleinen Anbauflächen vertreten sind, vielfach aber früher fester Bestandteil der pflanzenbaulichen Nutzung waren. Von nahezu allen Arten, die in dem Kulturpflanzenatlas behandelt werden, stehen für den Anbau züchterisch entwickelte und betreute „Sorten" (Kultivare) zur Verfügung.

Die Kulturpflanzenarten werden im Pflanzenbau – und der amtlichen Statistik – nach den Kriterien verlgeichbarer Ernteprodukte sowie anbautechnischer Verfahren eingeordnet und zusammengestellt. Es können folgende Kulturpflanzengruppen unterschieden werden: *Getreidearten zur Körnergewinnung, Öl- und Faserpflanzen, Körnerleguminosen, Wurzel- und Knollenfrüchte, Ackerfutterpflanzen, Sonderkulturen* sowie *Pflanzen des Feldgemüsebaues.* In der Kulturpflanzengruppe der Ackerfutterpflanzen sind nur die wichtigsten Arten berücksichtigt; Gräser als Ackerfutterpflanzen wurden nicht aufgenommen. Beim Feldgemüseanbau wurde die Darstellung auf Pflanzenarten beschränkt, die regelmäßig auf dem Acker angebaut werden; zahlreiche weitere Gemüsearten werden im Gartenbau (Freiland oder unter Glas) angebaut und genutzt.

Die Angaben zu den Inhaltsstoffen beziehen sich grundsätzlich auf (für den Menschen) ernährungsphysiologisch verwertbare Mengen, also z. B. nicht auf Kohlenhydrate wie Zellulose, die für den Menschen nicht verdaulich sind.

Mit der bildlichen Darstellung der jeweiligen Kulturpflanzenart soll ein charakteristischer Eindruck unter natürlichen Bedingungen, also im Pflanzenbestand, vermittelt werden; überwiegend handelt es sich um ausgewachsene Pflanzen, an denen die Pflanzenteile, die als Ernteprodukte genutzt werden sollen, vorhanden sind. Soweit es zweckmäßig erscheint, werden die Ernteprodukte gesondert abgebildet, insbesondere wenn durch eine entsprechende Anordnung der Ertragsteile die pflanzenspezifische „Ertragsstruktur" erfaßt und dargestellt werden kann.

Kulturpflanzenarten nehmen regelmäßig als Pflanzenbestände mehr oder weniger große Anbauflächen ein und bestimmen damit den visuellen Eindruck der Landschaft; auch dieser Aspekt sollte bei der Auswahl der Abbildungen berücksichtigt werden.

Für die umfangreichen Schreibarbeiten bei der Anfertigung des Manuskripts möchte ich Frau Büll, für die Mithilfe bei der Anfertigung der Abbildungen Frau Scheel meinen herzlichen Dank sagen. Der Verlag hat mich bei den vorbereitenden Arbeiten zu diesem Buch mit freundlicher Beratung unterstützt, wofür ich auch hier danken möchte.

Prof. Dr. Gerhard Geisler
Kiel, März 1991

Einführung

In der Frühzeit seiner Entwicklung hat sich der Mensch die existenznotwendige Nahrung durch Jagd oder Sammeln geeigneter Pflanzen bzw. Teile von Pflanzen beschafft; nach den allgemeinen Lebensumständen werden entweder tierische oder pflanzliche Produkte als Nahrungsgrundlage überwogen haben. Die Erkenntnisse der Ernährungswissenschaften sprechen dafür, daß pflanzliche Produkte überwogen haben dürften. Menschen sind daher als Mischkostesser (Omnivoren) mit starkem Überwiegen pflanzlicher Anteile in der Nahrung einzuordnen. Diese Annahme wird durch anatomische Eigenschaften des Menschen gestützt; so sind das Gebiß durch Mahlzähne und der Verdauungstrakt durch einen langen Darm gekennzeichnet. Interessant ist auch die Feststellung, daß der Mensch das benötigte Vitamin C nicht synthetisieren kann, sondern auf Vitamin C aus pflanzlicher Nahrung angewiesen ist. Schließlich fehlt dem Menschen ein Enzym zum Abbau der Harnsäure; auch dies weist auf das Überwiegen pflanzlicher Kost als Nahrungsgrundlage hin.

Das Leben des Menschen als Jäger und Sammler wurde grundlegend verändert, als er begann, neben der Haltung von Tieren Pflanzen in Kultur zu nehmen und mit diesen regelmäßig hierfür vorgesehene Flächen zu bestellen. Damit schuf sich der Mensch eine sichere Grundlage der Versorgung mit Nahrung; gleichzeitig zwang ihn diese Art der Nahrungsbeschaffung zur Seßhaftigkeit. Der Übergang des Menschen vom Jäger und Sammler zum Ackerbauer und Viehhalter erwies sich daher als ein entscheidender Schritt in der menschlichen Entwicklung, mit dem tiefgreifende Veränderungen in den Lebensbedingungen und sozialen Beziehungen verbunden waren. Die Organisation von Personengruppen erweiterte sich über den Familienverband hinaus und erfaßte umfangreichere Bevölkerungsanteile. Die relative Unabhängigkeit von einer zeitaufwendigen Nahrungsbeschaffung über die Jagd bzw. das Sammeln von Pflanzenprodukten eröffnete Möglichkeiten der Arbeitsteilung und Spezialisierung auf bestimmte Tätigkeiten. Hieraus ergaben sich staatliche Organisationsformen und damit einhergehend soziale Lebensbedingungen, die Grundlage einer bis auf den heutigen Tag anhaltenden technischen und kulturellen Entwicklung geworden sind.

In den Anfängen der Entwicklung des Menschen als Ackerbauer (und Viehhalter) handelte es sich zunächst um die Nutzung von Wildpflanzenbeständen, in denen geeignete Nahrungspflanzen überwogen. Im weiteren Verlauf der Domestikation von Nahrungspflanzen wiesen genutzte Bestände durch die regelmäßigen Eingriffe des Menschen zunächst einen zunehmenden Anteil an erwünschten Pflanzenarten auf. Gleichzeitig wurden aber auch – als Folge der Verwendung eines Teils der Ernte als Saatgut – Selektionen wirksam, unter deren Einfluß sich die genutzten Pflanzenarten änderten. Eigenschaften, die den Wert der Pflanzen als Nahrung – oder für die technische Verwendung – bestimmten, wurden zunehmend für das Gesamtbild der kultivierten Pflanzenarten kennzeichnend. Die meisten Kulturpflanzenarten sind nur unter produktionstechnischen

Maßnahmen wie Bestellung, Pflege und Ernte überlebensfähig. Kulturpflanzen weisen vielfach keine ausreichende Konkurrenzkraft auf, um in natürlichen Vegetationsbedingungen zu überdauern.

Im Vordergrund der Nutzung von Kulturpflanzen steht die Nahrungserzeugung; daneben werden Pflanzen und deren Produkte auch technisch verwertet oder in spezieller Weise als Gewürz- und Heilpflanzen verwendet. Man kann Kulturpflanzen nach folgenden Nutzungsrichtungen zusammenstellen:

- **Nahrungspflanzen** (Feldfrüchte, Gemüse, Obst)
- **Futterpflanzen** (Pflanzenarten der Wiesen und Weiden)
- **Öl- und Faserpflanzen** (Fett als Nahrung und technische Verwertung von Öl und Fasern)
- **Arznei- und Gewürzpflanzen**
- **Gründüngungspflanzen** (Bodenverbesserung, Stickstoffanreicherung)
- **Bodenbedecker** und **Bodenfestiger, Schattenpflanzen** (z. B. im Kaffeeanbau)
- **Hecken- und Stützpflanzen**
- **Schmuckpflanzen**.

Spezielle Formen der Nutzung sind die Erzeugung von Duftstoffen, Farbstoffen, Gerbstoffen, Harzen, Insektiziden, Kautschuk, Saponin, Wachsen, Drogen, Vogelfutter und Treibstoff. Gelegentlich wird eine Kulturpflanzenart auch als Bienenweide (z. B. Phazelie, Buchweizen) angebaut.

Als Kulturpflanzen (im systematischen Anbau) werden weniger als 2% der ca. 250 000 auf der Welt vorhandenen höheren Pflanzenarten genutzt. Etwa 4800 Arten aus rund 230 botanischen Familien können als Kulturpflanzen bezeichnet werden (vgl. Mansfeld 1986). Geht man von der taxonomischen Einheit der Familie aus, finden sich bei Hülsenfrüchtlern (Leguminosae = Fabaceae) ca. 680 Arten als Kulturpflanzen; bei den Gräsern (Gramineae = Poaceae) sind es etwa 600 Arten. Weitere Familien mit einer hohen Anzahl an Kulturpflanzenarten sind die Rosengewächse (Rosaceae) mit 226 Arten, die Korbblütler (Compositae = Asteraceae) mit 215 Arten, die Wolfsmilchgewächse (Euphorbiaceae) mit 136 Arten, die Lippenblütler (Labiatae = Lamiaceae) mit 127 Arten und die Nachtschattengewächse (Solanaceae) mit 115 Arten. Die Liliengewächse, Agaven und Palmen weisen jeweils 50 bis 100 kultivierte Pflanzenarten auf. Annähernd die Hälfte der Pflanzenfamilien mit Kulturpflanzenarten umfaßt weniger als 10 kultivierte Arten.

Innerhalb der gemäßigten Klimazone finden sich als Kulturpflanzenarten überwiegend Angehörige der Familien der Gräser (Gramineae = Poaceae), Hülsenfrüchtler (Leguminosae = Fabaceae), Nachtschattengewächse (Solanaceae), Kreuzblütler (Cruciferae = Brassicaceae) und Gänsefußgewächse (Chenopodiaceae). Einige weitere Familien sind mit jeweils wenigen Arten als Kulturpflanzen vertreten (Tabelle).

Die Bedeutung der Kulturpflanzenarten ist an dem Umfang ihrer Produktion für die Nahrungserzeugung zu beurteilen (Tabelle). Die bei weitem bedeutendste Produktion findet sich bei den Getreidearten; Weizen, Mais und Reis stellen mit über 40% weltweit den entscheidenden Anteil in der Gesamtproduktion an Nahrung. Da die natürlichen Anbauvoraussetzungen für Weizen, Mais und Reis unterschiedlich sind, haben sich regionale Verteilungen für die Anbaugebiete dieser Hauptgetreidearten auf der Welt entwickelt. Während Weizen sich überwiegend in der gemäßigten Klimazone findet, sind Mais und Reis charakteristische Getreidearten der Tropen und Subtropen. Weitere weltweit bedeutende

Pflanzenarten sind Kartoffel, Gerste, Süßkartoffel, Maniok und Soja.

Untersucht man die Herkunft von Nahrungsmitteln, so zeigt sich, daß für den überwiegenden Teil der Weltbevölkerung die verfügbare Nahrung unmittelbar aus der pflanzlichen Produktion stammt (Tabelle); demgegenüber wird nur ein kleiner Anteil des Nahrungsbedarfs durch tierische Produkte gedeckt. Dies gilt auch für Eiweiß. Zwar sind die hohen Eiweißgehalte – und die Eiweißqualität – tierischer Erzeugnisse von Bedeutung, tierisches Eiweiß deckt aber nur 20% der Eiweißversorgung der Weltbevölkerung. Für die entwickelten Industrieländer sind diese Verhältnisse allerdings anders zu beurteilen, da ein hohes Angebot an tierischen Produkten vorliegt; nur etwa 30 bis 50% der Eiweißversorgung der Bevölkerung dieser Gebiete stammen aus der pflanzlichen Produktion.

Zur Inkulturnahme boten sich zunächst Wildpflanzen an, mit denen als Nahrung geeignete Produkte zu erzeugen waren. Er-

Zugehörigkeit von Kulturpflanzenarten (der gemäßigten Klimazone) zu botanischen Familien (Auswahl)

Familie	Kulturpflanzen
Gramineae = Poaceae (Gräser)	Brot- und Futtergetreidearten, Futtergräserarten
Leguminosae = Fabaceae (Hülsenfrüchtler)	Erbse, Ackerbohne, Linse, Sojabohne, *Phaseolus*-Bohnen, zahlreiche Futterpflanzen (z. B. Kleearten, Luzerne)
Solanaceae (Nachtschattengewächse)	Kartoffel, Tabak
Brassicaceae = Cruciferae (Kreuzblütler)	Raps, Rübsen, Senf, Kohl, *Brassica*-Rüben, Futterpflanzen (z B. Markstammkohl), Kohlrabi, Radies, Meerrettich
Chenopodiaceae (Gänsefußgewächse)	*Beta*-Rüben, Spinat, Rote Bete
Compositae = Asteraceae (Korbblütler)	Sonnenblume, Topinambur, Salat, Schwarzwurzel, Zichorie
Linaceae (Leingewächse)	Lein
Moraceae = Cannabaceae (Maulbeerbaumgewächse)	Hanf, Hopfen
Papaveraceae (Mohngewächse)	Mohn
Umbelliferae = Apiaceae (Doldenblütler)	Möhre, Knollensellerie, Pastinak, Petersilie
Polygonaceae (Knöterichgewächse)	Buchweizen
Cucurbitaceae (Kürbisgewächse)	Gurke
Liliaceae (Liliengewächse)	Zwiebel, Porree, Spargel

aus Geisler (1988)

Nahrungserzeugung der wichtigsten Kulturpflanzen (Welt)

Art	Mio. t	Prozent der Nahrungsproduktion
Weizen	420	16
Mais	385	15
Reis	375	15
Kartoffeln	285	11
Gerste	170	7
Süßkartoffeln	145	5
Maniok	100	4
Soja	95	4
Hafer	60	3
Sorghum	55	2
Hirsen	50	2
Zuckerrüben	35	1
Roggen	35	1
Bohnen	10	0,5
Erbsen	10	0,5
Sonnenblumenkerne	10	0,5

aus Geisler (1988)

Herkunft der Nahrungsmittel (in Prozent)

	Eßbare Trockenmasse	Eiweiß		
Getreide	70	54		
Wurzel- und Knollenfrüchte	9	5		
Zucker	5	–		
Leguminosen	6	16		
Gemüse	2	4		
Früchte	1,2	0,8		
Summe pflanzliche Produktion			93,2	79,8
Milch	3,5	7,7		
Fleisch	1,9	6,7		
Eier	0,3	1,3		
Fisch	1,1	4,5		
Summe tierische Produktion			6,8	20,2
			100,0	100,0

aus Geisler (1988)

nährungsphysiologisch ist dies im Hinblick auf die verwertbare Trockenmasse (Nahrung als Energieträger) und deren relative Zusammensetzung aus Kohlenhydraten, Eiweißen und Fetten zu sehen; ferner sind Ballaststoffe (z.B. Zellulose) von Bedeutung. Für eine Beurteilung des ernährungsphysiologischen Wertes von pflanzlichen Produkten in qualitativer Hinsicht sind außerdem essentielle Bestandteile in der Nahrung zu beachten. Hierzu zählen Minerale, essentielle Aminosäuren (als Bestandteil der pflanzlichen Eiweiße) und Vitamine. Die Angaben im Buch beziehen sich bei den Inhaltsstoffen auf verwertbare (ernährungsphysiologisch verdauliche) Anteile in den Ernteprodukten.

Bei der Wahl von Pflanzenarten zur Inkulturnahme war auch deren Eignung für eine systematische Nutzung – Bestellung, Pflege und Ernte – von Bedeutung. Ein im Pflanzenbestand möglichst einheitlicher Vegetationsablauf und ein einheitlicher Zeitpunkt für die Abreife und Ernte sind günstige Voraussetzungen für eine systematische Nutzung. Getreidearten, die als Gräser vielfach bestandesbildend sind und die regelmäßig mit der Ausbildung und Reife der Fruchtstände ihren Lebenszyklus abschließen, haben sich daher für eine Domestikation als besonders geeignet erwiesen. Nicht alle genutzten Pflanzenarten genügen diesen Ansprüchen für einen systematischen Anbau. Dies gilt z.B. immer dann, wenn generative Teile der Pflanze geerntet werden sollen, sich die Blühphase aber über einen langen Zeitraum hinzieht. In diesem Fall sind auch die Abreife und damit der Erntezeitpunkt nicht einheitlich.

Eine weitere wichtige Voraussetzung für die Eignung als Nahrungspflanzen ist die Lagerfähigkeit der Ernteprodukte und damit die Möglichkeit, einen Nahrungsvorrat anzulegen. Generative Pflanzenteile (Früchte, Samen) sind regelmäßig „Dauerformen". Schließlich ist auf die Eignung pflanzlicher Produkte für die weitere Verarbeitung zur Herstellung von Nahrungsmitteln (z.B. Brot) als spezifisches Kriterium für Kulturpflanzen hinzuweisen.

In der systematischen (ackerbaulichen) Nutzung von Pflanzen werden die Kulturpflanzenarten in Pflanzenbeständen angebaut und genutzt. Nicht die Einzelpflanze, sondern die Vielzahl von Pflanzen innerhalb des Bestandes ist die charakteristische Grundlage der Nutzung. Aus der bestandesbildenden Anbauform von Kulturpflanzenarten ergibt sich auch die heute allgemein übliche Leistungsbeurteilung. Erträge von Kulturpflanzen werden regelmäßig als Mengenerträge, bezogen auf die Flächeneinheit, beurteilt.

Dies ist nicht immer so gewesen. In früheren Zeiten, in denen die Erträge unserer Kulturpflanzen niedrig lagen und die Anbaufläche ausgeweitet werden konnte, um die Produktionsmenge zu erhöhen, wurde die Produktionsleistung meist nicht an der Flächenerzeugung, sondern an der ausgebrachten Saatmenge beurteilt; die Erträge wurden als ein „Vielfaches" der Aussaatmenge dargestellt.

Kulturpflanzen werden über Pflanzenbestände, die auf mehr oder weniger großen Flächen angebaut werden, genutzt. Diese prägen naturgemäß auch das Landschaftsbild. Mit der pflanzlichen Produktion entsteht daher eine „Kulturlandschaft". In der Bundesrepublik Deutschland umfaßt die landwirtschaftlich genutzte Fläche etwas über 50% der Gesamtfläche. Die Gestalt der Landschaft und der visuelle Eindruck, den die Landschaft dem Betrachter bietet, ist zu einem erheblichen Teil eine Folge der landwirtschaftlichen Nutzung.

Bei den im landwirtschaftlichen Pflanzenbau genutzten Kulturpflanzenarten

Blühende Rapsfelder in norddeutscher Landschaft

handelt es sich um höhere Pflanzen. Das mit Entwicklungs- und Differenzierungsprozessen einhergehende Wachstum folgt einem recht einheitlichen Schema: Es beginnt mit der Keimung, setzt sich über den Aufbau des Sproß- und Wurzelsystems fort und endet mit dem Absterben der Pflanze – regelmäßig nach Produktion von Samen und Früchten als arterhaltenden Fortpflanzungsteilen.

Bei Pflanzen ist – im Gegensatz zu Tieren – eine deutliche Abhängigkeit der Wachstums- und Entwicklungsprozesse von Umweltbedingungen gegeben. Während Tiere in ihrem Entwicklungsablauf im wesentlichen inneren Steuerungen unterliegen, die auch durch starke Veränderungen der Umweltbedingungen nur wenig modifiziert werden, zeigt sich bei Pflanzen eine umweltabhängige Steuerung der Entwicklungs- und Wachstumsvorgänge. Pflanzen, die sich regelmäßig standortgebunden entwickeln, verfügen daher über einen Adaptionsmechanismus an unterschiedliche Umweltbedingungen. Dies hat zur Folge, daß in der pflanzenbaulichen Produktion zunächst die Eignung der Kulturpflanzenart für den Anbau unter vorgegebenen Standortbedingungen zu prüfen ist (pflanzenbauliche Anbauwürdigkeit). Ferner sind die Produktionstechniken den spezifischen Anforderungen der jeweiligen Pflanzenart anzupassen.

Die heute im Anbau befindlichen Kulturpflanzenarten werden regelmäßig als „Sorten" (Kultivare) genutzt. Das Interesse der Landwirtschaft, für bestimmte Anbaustandorte, Produktionsverfahren und Nutzungen spezifisch angepaßte Kulturpflanzen zur Verfügung zu haben, hat dazu geführt, daß innerhalb der Kulturpflanzenarten durch systematische Züchtung „Sor-

Getreidefelder in der Ernte

ten" entwickelt wurden. Innerhalb einer Pflanzenart handelt es sich bei „Sorten" um spezialisierte Pflanzen, die in besonderer Weise Anforderungen der Umwelt (einschließlich Maßnahmen der Anbautechnik) genügen und sich für bestimmte Nutzungen besonders eignen. Die Erbanlagen der Pflanzen einer „Sorte" sind meist sehr ähnlich, so daß Bestände aufwachsen, die in ihrem Erscheinungsbild einen einheitlichen Eindruck vermitteln.

Man kann bei „Sorten" vier Grundstrukturen unterscheiden. Zahlreiche Kulturpflanzenarten sind *Selbstbefruchter*, die „Sorten" sind in ihren genetischen Anlagen sehr einheitlich; dem entsprechen auch die aus dem Saatgut dieser „Sorten" heranwachsenden Bestände, die einen besonders homogenen Eindruck vermitteln. Entsprechendes gilt auch für die Pflanzenarten, bei denen *vegetative Vermehrung* üblich ist (z. B. Kartoffel); es bestehen – als Folge der vegetativen Vermehrung – grundsätzlich keine Unterschiede zwischen den Erbanlagen der Pflanzen einer „Sorte". Die Pflanzenbestände machen daher ebenfalls einen sehr einheitlichen Eindruck. Pflanzenarten, bei denen die Fortpflanzung über *Fremdbefruchtung* erfolgt (z. B. Roggen), weisen geringere Einheitlichkeit in den Erbanlagen auf; auch die „Sorten" stellen Gemische von Einzelpflanzen mit unterschiedlichen Erbanlagen dar. Die Pflanzenbestände sind daher vergleichsweise inhomogen. Um einen besonderen „Sortentyp" handelt es sich bei *„Hybridsorten"*. Die Erbanlagen der Pflanzen eines Hybridbestandes sind sehr einheitlich; dies spiegelt sich auch in dem äußeren Erscheinungsbild des Bestandes wider, der insgesamt homogen ist (z. B. Mais). Das Saatgut von „Hybridsorten" wird durch bestimmte Kreuzungen, die mit Inzuchtlinien hergestellt werden, für den Anbau jeweils neu erzeugt.

Die eindeutige Zuordnung von Pflanzen innerhalb der botanischen Systematik zu einer bestimmten Pflanzenart erfolgt aufgrund spezifischer Eigenschaften, mit denen die Individuen verschiedener Arten gegeneinander abgegrenzt werden. Der Bezeichnung der Art liegt ein binäres System der Benennung zugrunde, wobei ein Gattungsname zusammen mit einem Artnamen verwendet wird. Die Gattungsbezeichnung ist meist ein eigenständiger Name, während die Bezeichnung für die Art innerhalb der Gattung vielfach an einer charakteristischen Eigenschaft orientiert ist. Arten können durch zusätzliche taxonomische Rangstufen unterteilt werden (z. B. Unterart, Varietät). Im vorliegenden Buch werden die botanischen Namen nach dem „Handwörterbuch der Pflanzennamen" von Zander (Encke/Buchheim/Seybold 1984) verwendet.

In der Umgangssprache werden für Pflanzen (-Arten) Volksnamen (Trivialnamen) verwendet. Innerhalb der jeweiligen Sprachgrenzen ist heute meist nur noch eine Benennung für eine bestimmte Kulturpflanzenart gebräuchlich (ausnahmsweise sind es auch mehrere). Dies war früher nicht der Fall, sondern es gab unterschiedliche Namen für eine Pflanzenart, die sich vielfach aus regionalen Dialekten entwickelt hatten. Als Beispiel kann auf die Kartoffel verwiesen werden, für die Bezeichnungen wie Erdapfel, Erdbirne, Grundbirne, Tüffeln u. v. a. in den verschiedenen Sprachgebieten üblich waren. Unsicherheit bezüglich der Bezeichnung einer bestimmten Kulturpflanzenart konnte sich entwickeln, wenn für verschiedene Pflanzenarten derselbe Name gebräuchlich war. Bei den Getreidearten wurde früher vielfach die Bezeichnung „Korn" in der Umgangssprache benutzt, wobei je nach dem Überwiegen der Getreideart in der jeweiligen Region Roggen, Weizen, Gerste, Hafer oder Mais gemeint waren.

Es ist interessant festzustellen, daß weltweit die wichtigsten Kulturpflanzenarten bereits etwa 2000 bis 1000 v. Chr. bekannt waren und in systematischem Anbau genutzt wurden. Die Domestikation fand häufig in Gebieten statt, in denen die Pflanzenarten auch ihre natürliche Verbreitung hatten. Für einige Kulturpflanzenarten ist es bekannt, daß eine intensive Domestikation und damit auch die Evolution zu akkerbaulich geeigneten Pflanzen erst nach ihrer Verbreitung aus den Ursprungsgebieten einsetzte.

Es können mehrere Domestikationszentren von Kulturpflanzenarten unterschieden werden. Drei dieser Gebiete spielen eine überragende Rolle in der Entwicklung des Ackerbaues und der Inkulturnahme wichtiger, weltweit verbreiteter Kulturpflanzenarten. Es handelt sich um die vorderasiatische Region, die als „fruchtbarer Halbmond" bezeichnet wird. Ferner findet sich in China ein Zentrum für die Entwicklung eines frühen Ackerbaus mit der Inkulturnahme von Pflanzenarten. Entsprechendes gilt für die indianischen Kulturen Süd- und Mittelamerikas.

Einige weitere Domestikationsgebiete können unterschieden werden, die in asiatischen und amerikanischen Regionen liegen. Auch in Zentralafrika ist ein Domestikationszentrum für Kulturpflanzenarten anzunehmen (Zeichnung). Von den Gebieten der ursprünglichen Domestikation der Kulturpflanzen sind die Pflanzenarten (meist geographisch weit) verbreitet worden. Die Verbreitung der Kulturpflanzenarten hat aufgrund des genetischen Adaptionspotentials dazu geführt, daß der Anbau – insbesondere der bedeutenden Kulturpflanzenarten – auch in Klimaräume hinein erfolgte, die sich mehr oder weniger

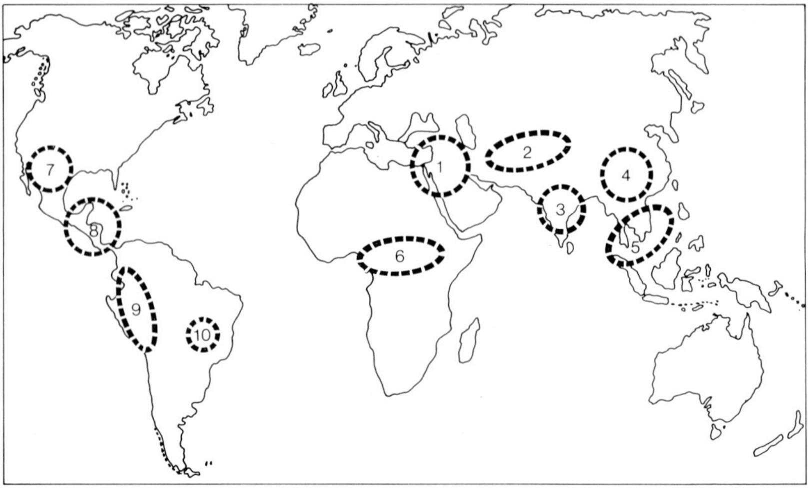

Herkunfts- und Domestikationsgebiete von Kulturpflanzenarten (aus Geisler 1988).

1 = Naher Osten: Weizen, Gerste, Erbse, Linse, Wicken, Lein, Dattel, Feige, Zwiebel, Birne, Apfel, Artischocke.
2 = Mittlerer Osten und Zentralasien: Weinrebe, Olive, Buchweizen, Luzerne, Hanf, Millet-Hirsen, Wicken, Kohl, Möhre, Hafer.
3 = Indien: Dattel, Mango, Tee, Eierpflanze, Kürbis.
4 = China: Soja, Reis, Hirsen, Orange, Pfirsich, Zwiebel, Kohl.
5 = Südostasien: Zuckerrohr, Reis, Banane, Citrus, Tee, Kokosnuß.
6 = Afrika: Wassermelone, *Sorghum*, Kaffee, Yams, Hirsen, Rizinus.
7 = Nordamerika: *Phaseolus*-Bohnen, Kürbis, Sonnenblume, Erdbeere.
8 = Mittelamerika: Mais, Kürbis, *Phaseolus*-Bohnen, Tomate, Baumwolle, Avokado, Papaya, Sonnenblume, Kakao, Maniok.
9 = Andengebiete Südamerikas: Kartoffel, Süßkartoffel, Erdnuß, *Phaseolus*-Bohnen.
10 = Südamerika: Erdnuß, Ananas, Yam, Süßkartoffel, Baumwolle, Kakao, Tabak, Paprika.

stark von den klimatischen Bedingungen der Ursprungsregionen unterscheiden. Eine Adaption an die Umweltbedingungen der Herkunftsgebiete blieb aber grundsätzlich bestehen.

Landwirtschaftlich genutzte Kulturpflanzen, die im Feldanbau der gemäßigten Klimazone verwendet werden, sind in ihrem Vegetationsablauf überwiegend einjährig (Sommerform) und überjährig (Winterform), einige sind zweijährig. Einjährige Pflanzen durchlaufen den Vegetationszyklus innerhalb eines Jahres – regelmäßig während der frostfreien Jahreszeit. Überjährige Pflanzen sind durch Keimung vor dem Winter, Überwinterung und die darauf folgende Hauptwachstumsphase mit Abreife gekennzeichnet. Bei zweijährigen Pflanzen erfolgt die Keimung im Frühjahr, die Pflanzen durchlaufen nach der Keimung zunächst eine vegetative Phase, überwintern und entwickeln im zweiten Jahr die generative Phase mit Abreife. Aus diesen Vegetationsabläufen der Kulturpflanzen ergibt sich für die ackerbaulich genutzten Flächen in der gemäßigten Klimazone ein

Nutzungssystem, bei dem über die Aussaat der Kulturpflanzen zunächst ein Pflanzenbestand aufgebaut und im gleichen oder folgenden Jahr wieder abgeerntet wird; damit ist die Vegetationsdecke, die sich mit dem Kulturpflanzenbestand entwickelt, auf einen begrenzten Zeitabschnitt innerhalb des Jahres beschränkt.

Bei der Nutzung des Ackerlandes werden in der gemäßigten Klimazone regelmäßig auf demselben Standort im Ablauf der Jahre nacheinander verschiedene Kulturpflanzenarten angebaut. Dieser systematische Wechsel zwischen verschiedenen Kulturpflanzenarten wird als Fruchtfolge bezeichnet. Fruchtfolgen sind charakteristische Nutzungsformen des Ackerbaues in der gemäßigten Klimazone.

Die Biologie von Kulturpflanzenarten – und damit auch ihre grundsätzliche Eignung für bestimmte Standorte – spiegelt sich im Wachstums- und Entwicklungsverlauf der Pflanzen wider; hierbei sind die Abhängigkeiten der jeweiligen Pflanzenart von den wachstumsbeeinflussenden Umweltfaktoren zu berücksichtigen. Neben Wachstumsfaktoren (Wasser und Nährelemente), die für den Aufbau körpereigener Substanz und die Erhaltung der Vitalität notwendig sind, bestehen vielfach spezifische Abhängigkeiten des Entwicklungsverlaufs der Pflanze von bestimmten Umweltfaktoren.

Die Entwicklung der Einzelpflanzen beginnt mit der Keimung. Voraussetzung für die Keimung (der Samen bzw. Früchte) sind Wasseraufnahme, eine gewisse Mindesttemperatur sowie Sauerstoff, um enzymatische Prozesse zu ermöglichen. In einigen Fällen benötigen Samen (bzw. Früchte) auch Lichteinwirkung, um die Keimung einzuleiten. Dies gilt häufig für Feinsämereien, die nur keimen, wenn sie auf der Erdoberfläche bzw. in geringer Tiefe im Boden liegen. Mit der Lichtabhängigkeit der Keimung kleiner Samen wird sichergestellt, daß die beschränkten Assimilatvorräte nur eingesetzt werden, wenn der Keimling die Erdoberfläche erreichen kann, wo dann das weitere Wachstum über die Photosynthese möglich wird.

In der Jugendentwicklung der Pflanze wird vielfach eine Phase durchlaufen, in der über vorbereitende Differenzierung die Grundlage für die Gesamtstruktur der Pflanze angelegt wird (Jugendphase). In der daran anschließenden Hauptwachstumsphase wird der überwiegende Teil der Gesamtmasse der Pflanze ausgebildet. Soweit generative Organe bereits in der Jugendphase in einem Primordialstadium angelegt wurden, werden sie während der Hauptwachstumsphase weiter ausgebildet, durchlaufen Blüte und Befruchtung und sichern mit der Bildung von Samen und Früchten die Fortpflanzung. Vielfach erfolgt allerdings erst während der Hauptwachstumsphase die Anlage der generativen Organe.

Mit der Alterung und letztlich dem Absterben der Pflanze stehen regelmäßig Samen bzw. Früchte für die Fortpflanzung zur Verfügung. Die Beziehungen zwischen dem Abreifen und dem Vegetationsverlauf der Pflanze können sehr unterschiedlich sein. Bei einigen Arten fällt das Abreifen der Gesamtpflanze mit der Ausbildung der Samen und Früchte zusammen, so daß die Phase der Ausbildung generativer Organe den Lebenszyklus der Einzelpflanze abschließt; dies gilt z. B. für die Getreidearten. Mit dem Abschluß der Wachstumsprozesse stehen dann die Assimilate in der Pflanze für die Einlagerung in die Früchte bzw. Samen zur Verfügung.

Anders liegen die Verhältnisse bei Pflanzenarten, bei denen während der Hauptwachstumsphase kontinuierlich generative

Organe angelegt werden. In einem Teil der Pflanze werden dann bereits reife Fortpflanzungsorgane (Samen, Früchte) ausgebildet, während in den jüngeren Teilen der Pflanze erst generative Organe angelegt werden. Aus diesen Zusammenhängen ergeben sich sehr spezifische Abhängigkeiten im Hinblick auf die Versorgung von Fortpflanzungsorganen mit Assimilaten. Sofern das Wachstum der Pflanze mit der Ausbildung der generativen Organe abschließt, können die dann in der Pflanze vorhandenen Assimilate den Samen und Früchten zur Verfügung gestellt werden. Verläuft die Abreife in Konkurrenz mit dem vegetativen Wachstum der Pflanze, muß eine spezifische Verteilung der Assimilate innerhalb der Pflanze erfolgen.

Zahlreiche Pflanzenarten – dies gilt auch für die Kulturpflanzenarten des gemäßigten Klimas – weisen spezifische Kontrollmechanismen auf, mit denen die Entwicklung über Umweltfaktoren gesteuert wird. Wirksam sind Temperatur und Licht. Als eine entwicklungssteuernde Beeinflussung durch die Temperatur ist die Vernalisation zu nennen, wobei niedrige Temperaturen den Entwicklungsverlauf der Pflanze beeinflussen. Charakteristisch ist dies für Pflanzen, die überwintern. Die Pflanzen keimen im Herbst und beginnen damit ihre Gesamtentwicklung vor dem Winter; die Jungpflanzen überwintern in einem Ruhestadium, in dem auch niedrige Temperaturen ohne Schaden überstanden werden. Im darauffolgenden Jahr beginnt im Frühjahr die Hauptwachstumsphase und damit die Ausbildung generativer Organe. Voraussetzung hierfür ist die Vernalisation der Jungpflanzen; es werden niedrige Temperaturen in einem Bereich von etwa –3 bis +8 °C wirksam. Die Pflanze tritt erst in die Hauptwachstumsphase (im Frühjahr) ein, wenn sie diesen niedrigen Temperaturen für eine gewisse Zeitdauer (meist drei bis vier Wochen) unterworfen war. So wird sichergestellt, daß Jungpflanzen nicht bereits vor dem Winter, sondern erst nach der Überwinterung die Hauptwachstumsphase beginnen. Diese spezifische Abhängigkeit des Entwicklungsablaufs von vernalisierenden Temperaturen ist ein Adaptionsmechanismus an Klimaverläufe, in denen das Wachstum durch eine kalte Jahreszeit unterbrochen wird. Sie begründet die Unterscheidung zwischen Winter- und Sommerformen.

Eine lichtabhängige Steuerung des Entwicklungsverlaufs von Pflanzen ergibt sich aus der photoperiodischen Sensibilität. Hierbei wirkt die Tageslänge (Photoperiode) auf die Entwicklung der Pflanzen ein. Es können (grundsätzlich) Kurztag- und Langtagpflanzen unterschieden werden. Kurztagpflanzen werden durch die Einwirkung kurzer Tage (weniger als 14 Stunden Licht innerhalb von 24 Stunden) in ihrer Entwicklung zur generativen Phase beschleunigt. Langtagpflanzen reagieren dagegen auf lange Tage (Lichtphase länger als 14 Stunden innerhalb 24 Stunden) mit einer zeitlichen Beschleunigung zur generativen Phase.

Derartige Abhängigkeiten von der Tageslänge haben zur Folge, daß die Pflanze über einen Mechanismus verfügt, mit dem sie den Ablauf der Entwicklung relativ unabhängig von den Umweltbedingungen (Witterungsverlauf) an der Jahreszeit orientieren kann. Dies ergibt sich aus der straffen Beziehung, die zwischen der Tageslänge und der Jahreszeit für eine gegebene geographische Breite besteht. Diese Abhängigkeiten des Entwicklungsablaufs photoperiodisch sensitiver Pflanzen von der Tageslänge sind sehr wirksam, so daß über unterschiedliche Aussaattermine der Entwicklungsverlauf der Pflanze innerhalb des

Jahres nur bedingt beeinflußt werden kann.

Der pflanzenbauliche Ertrag bezieht sich meist nur auf Teile der angebauten Pflanzen, die im Verlauf der Vegetation angelegt und ausgebildet werden. Ein hoher Anteil dieser Ernteprodukte an der gebildeten Gesamtmasse ist erwünscht. Man kann zwischen der Erzeugung von Samen bzw. Früchten (generativer Pflanzenteile), der Erzeugung vegetativer Teile und schließlich der Produktion von Inhaltsstoffen unterscheiden (Tabelle).

Samen und Früchte sind in vielen Fällen das Ernteprodukt. Da es sich um Pflanzenteile handelt, die regelmäßig energiereich sind, haben sie in bezug auf die Inhaltsstoffe meist einen hohen ernährungsphysiologischen Wert. Ferner sind Samen (und Früchte) als generative Pflanzenteile meist gut haltbar und als Vorrat lagerfähig.
Die zweite Gruppe von Nahrungsprodukten sind vegetative Pflanzenteile: es handelt sich um Knollen und Rüben sowie Gemüse. Diese Produkte sind meist weniger energiereich, und ihre Lagerfähigkeit ist eingeschränkt. Ihr Wert ergibt sich häufig aus essentiellen Bestandteilen bzw. geschmacklichen Vorzügen; auch Ballaststoffe (z. B. Zellulose) in diesen Produkten als Nahrungsbestandteile sind interessant.

Schließlich sind Inhaltsstoffe als pflanzenbauliche Erzeugnisse zu nennen. Charakteristisch ist z. B. die Zuckererzeugung

Pflanzenteile als Ernteprodukte (Auswahl)

1. Wurzel	*Beta*-Rüben, *Brassica*-Rüben, Möhre, Petersilie, Schwarzwurzel, Meerrettich, Pastinak
2. Sproß	Futterpflanzenarten (z. B. Gräser, Leguminosen), Kopfkohl, Wirsingkohl
3. Teil des Sprosses	
a) Hypokotyl	Sellerie (Teil der Knollen), Teil des Rübenkörpers von *Beta*- und *Brassica*-Rüben
b) Sproßachse	Kohlrabi, Markstammkohl, Kartoffel, Lein, Hanf
c) Blatt	Salat, Spinat
d) Blatteile	Sellerie (Blattstiel), Tabak (Blattspreite ohne Rippen), Zwiebel (Unterblatt)
4. Blüten	Hopfen, Blumenkohl, Brokkoli
5. Samen und Früchte	Gramineenarten zur Körnererzeugung, Leguminosenarten zur Körnererzeugung, Ölpflanzen (Samennutzung); Fruchtgemüse wie Gurke, Kürbis; Gemüse-Hülsenfrüchte wie Erbsen, *Phaseolus*- und *Vicia*-Bohnen

aus Geisler (1988)

über Zuckerrohr und Zuckerrüben. Bei Inhaltsstoffen liegen vielseitige Produktionsverwendungen vor. Auch sekundäre Pflanzenstoffe können wesentlich für die Bewertung der Erzeugnisse sein. Dies gilt insbesondere für Gewürz- und Arzneipflanzen sowie Genußmittel.

Aus dem Erzeugungsziel - repräsentiert durch die zu erntenden Pflanzenteile - ergibt sich für den Anbau die Ertragsstruktur. Zunächst ist die Relation der genutzten Teile der Pflanze zur Gesamtmenge der Biomasse interessant; dieser Wert wird als Ernteindex bezeichnet. Stellt man generative und vegetative Teile gegenüber, zeigt sich vielfach, daß in der Energiebilanz der Pflanze etwa 35% zum Aufbau der (vegetativen) Struktur der Pflanze benötigt werden, ca. 35% finden sich in den generativen Teilen und etwa 30% der Energie werden im Lebensablauf der Pflanze als Grundlage der aufbauenden und lebenserhaltenden Prozesse benötigt.

Bezieht man die Ertragsstruktur auf die Einzelteile, die als Ernteprodukt erzeugt werden, so sind als Grundlage der Flächenleistung Ertragskomponenten zu berücksichtigen. Sofern die Gesamtpflanze das Ernteprodukt darstellt (dies kann bei Futterpflanzen Grundlage der Erzeugung sein), ist die Ertragsstruktur durch die Anzahl der Pflanzen auf der Fläche gekennzeichnet. Sind einzelne Teile der Pflanze zu berücksichtigen, so ergeben sich zwischen der Flächenleistung und der Ertragsstruktur spezifische Beziehungen. Hierbei ist die Anzahl der Pflanzen auf der Fläche sowie die Anzahl der an der Pflanze jeweils gebildeten Teile, die das Ernteprodukt darstellen, zu berücksichtigen.

Getreide zur Körnergewinnung

Zu den Getreidearten, die in der gemäßigten Klimazone verbreitet angebaut werden, gehören Weizen, Gerste, Roggen und Hafer. Neben diesen „klassischen" Getreidearten sind noch Mais (Körnermais und Silomais), *Sorghum*-Hirse sowie einige weitere Hirsearten zu nennen. In letzter Zeit ist durch systematische Züchtung „Triticale", ein Kreuzungsbastard aus Weizen und Roggen, als anbauwürdige Kulturpflanze entwickelt worden. Auch Reis, eine typische Getreideart der tropischen (und subtropischen) Klimazone, wird im gemäßigten Klima in warmen Regionen (z. B. Südfrankreich und Italien) als „Naßreis" angebaut.

Alle Getreidearten gehören zur Familie der Gräser (Gramineae = Poaceae). Es handelt sich um einkeimblättrige Pflanzen. Die Blüten sind in Ährchen angelegt und in Blütenständen zusammengefaßt, die als Ähren oder Rispen strukturiert sind. Die „Körner" als Fortpflanzungsteile sind botanisch Karyopsen (Nüßchen); ihre Struktur ist durch die miteinander verwachsenen Frucht- und Samenschalen sowie ein stark entwickeltes Endosperm (Mehlkörper) neben dem Embryo gekennzeichnet (Zeichnung).

Die Getreidearten gehen auf Wildformen zurück, die auch unter natürlichen Bedingungen bestandesbildend sind und sich daher für den systematischen Anbau besonders eignen. Die „Körner" sind ferner auch über lange Zeiträume haltbar und eignen sich für eine Bevorratung.

Zu den „Getreidearten" kann auch der Buchweizen gezählt werden; es handelt sich nicht um ein Gras, sondern um ein Knöterichgewächs (Polygonaceae). Die Körner von Buchweizen werden zu Grieß und Mehl weiterverarbeitet; es kann Brei oder (nicht aufgehendes) Gebäck hergestellt werden.

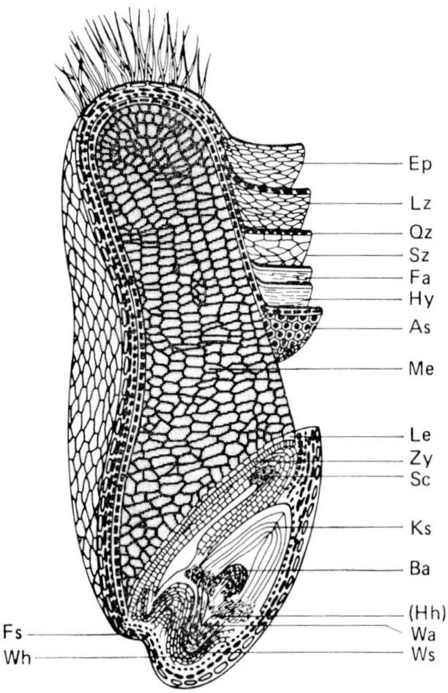

Weizenkaryopse (aus Geisler 1988).

EP = Epidermis, Lz = Längszellen, Qz = Querzellen, Sz = Schlauchzellen, Fa = Farbschicht, Hy = hyaline Membran, As = Aleuronschicht, Me = Mehlkörper, Le = Leerzellen, Zy = Zylinderepithel, Sc = Schildchen, Ks = Keimscheide, Ba = Blattanlage (Hh = Halmheber), Wa = Wurzelanlage, Ws = Wurzelscheide, Wh = Wurzelhaube, Fs = Ansatzstelle des Fruchtstiels (In der Darstellung ist die Größe des Embryos überproportional).

Weizen

Triticum spp. (*Tríticum* = röm. Name für Weizen); engl. *wheat*, franz. *blé*, span. *trigo*. Einjährige und überjährige Pflanzen (Sommer- und Winterformen); Familie Gramineae = Poaceae (Gräser); diploide und alloploide Genomstrukturen (2n = 2x, 4x, 6x = 14, 28, 42; x = 7). Ernteteil: Früchte („Körner"), bot. Karyopsen (Endospermanteil ca. 80 bis 84%). Inhaltsstoffe: Kohlenhydrate (Stärke) ca. 60%, Eiweiß ca. 10 bis 16%, Fett ca. 2% (Wasser ca. 13%).

Mit der Bezeichnung „Weizen" werden zahlreiche Weizenarten erfaßt; unter diesen sind einige, die verbreitet angebaut und genutzt werden.

Im weltweiten Anbau ist Saatweizen *(Triticum aestivum)* mit der umfangreichsten Anbaufläche vertreten. Daneben ist Hartweizen *(Triticum durum)* wirtschaftlich von Bedeutung.

Noch im ersten Drittel des 20. Jahrhunderts war in Europa, insbesondere auf ungünstigen Standorten, die Weizenart Dinkel *(Triticum spelta)* verbreitet im Anbau. In außereuropäischen Gebieten können Kultur-Einkorn *(Triticum monococcum)*, Kultur-Emmer *(Triticum dicoccon)*, Rauhweizen *(Triticum turgidum)*, Gommer *(Triticum polonicum)*, Khorassan-Weizen *(Triticum turanicum)* und Persischer Weizen *(Triticum carthlicum)* gelegentlich als Kulturpflanzen angetroffen werden.

Die Weizenarten stammen aus dem vorderasiatischen Raum; es handelt sich um die hügeligen Regionen im Tigris- und Euphrat-Gebiet sowie im Iran, Irak, in

Saatweizenbestand

Weizenarten (Auswahl), geordnet nach zytotaxonomischen Eigenschaften und Spindelbrüchigkeit

Anzahl Chromosomen	Genom	Spindel brüchig	Spindel zäh
diploid (n = 7)	S (= G?)	*Triticum speltoides*	
	S^b	*Triticum bicorne*	
	S^1	*Triticum longissimum*	
	D	*Triticum tauschii* (= *Aegilops squarrosa*)	
	A	*Triticum boeoticum* (Wild-Einkorn)	
	A	*Triticum monococcum* (Kultur-Einkorn)	
tetraploid (n = 14)	AB	*Triticum dicoccoides* (Wild-Emmer) *Triticum dicoccon* (Kultur-Emmer)	*Triticum durum* (Hartweizen) *Triticum turgidum*
	AG	*Triticum timopheevii*	
hexaploid (n = 21)	ABD	*Triticum spelta* (Spelz/Dinkel)	*Triticum aestivum* (Saatweizen) *Triticum compactum* *Triticum sphaerococcum*

zytotaxonomische Angaben nach Feldmann (1976): Wheats. In Simmonds: Evolution of Crop Plants. Longman, London, New York 1976.

Transjordanien, Syrien, in der Türkei und in Palästina.

Weizenarten werden in der botanischen Systematik nach ihrer Genomstruktur sowie Eigenschaften der Ähre und des „Korns" (Tabelle) eingeordnet. Es können eine diploide, tetraploide und hexaploide Reihe unterschieden werden. Die Chromosomen-Grundzahl beträgt x = 7; in der diploiden Reihe sind mehrere unterschiedliche Genome bekannt. Wichtig ist das Genom A, das auch in allen Weizenarten der tetraploiden und hexaploiden Typen vorhanden ist. Ferner ist das Genom D *(Triticum tauschii = Aegiliops squarrosa)* als Bestandteil der Genome hexaploider Arten nachzuweisen. Die tetraploiden Weizenarten gehen auf eine Kombination der Genome A und B zurück. Die Herkunft des Genoms B ist nicht sicher nachgewiesen. Innerhalb der tetraploiden Arten ist *Triticum timophevii* mit dem Genom G in

Kombination mit dem Genom A ausgestattet. Die hexaploiden Arten zeigen die Genomstruktur ABD. Der weit verbreitete Saatweizen ist hexaploid.

Der Fruchtstand ist beim Weizen eine Ähre. An der Ährenspindel sitzen wechselständig Ährchen. In den Ährchen sind Blüten angelegt, aus denen sich nach der Befruchtung „Körner" (bot. Karyopsen = Nüßchen) entwickeln. In der diploiden Reihe der Weizenarten wird regelmäßig nur ein Korn im Ährchen angelegt (Einkornweizen).

Kulturformen können bis zu zwei Körner je Ährchen aufweisen. In der tetraploiden Reihe werden zwei fruchtbare Blüten angelegt, aus denen meist auch zwei Körner im Ährchen entstehen *(T. dicoccon)*. Die Weizenarten der hexaploiden Reihe haben mehr als zwei fertile Blüten und

Ähren von Wild-Einkorn, Wild-Emmer und Kultur-Emmer

Wild-Einkorn, Ertragsstruktur

Wild-Emmer, Ertragsstruktur

regelmäßig auch mehr als zwei Körner in den Ährchen; in den einzelnen Ährchen können bis zu vier bzw. fünf Körner gefunden werden.

Die drei Weizenreihen (diploid, tetraploid, hexaploid) unterscheiden sich in der Backfähigkeit des Mehls. Aus dem Mehl von Körnern der Einkornweizen lassen sich nur Fladen herstellen. Mehle aus den Körnern der tetraploiden Reihe, z. B. Hartweizen, eignen sich besonders für die Erzeugung von Teigwaren. Echte Backfähigkeit findet sich bei den Mehlen aus Weizenarten der hexaploiden Reihe (z. B. Saatweizen).

Wild- und Kulturtypen unterscheiden sich bei den Weizen in zwei charakteristischen Eigenschaften. Die Ährenspindel ist bei den Wildtypen brüchig, so daß mit der Abreife die Ähren leicht auseinanderfallen und einzelne Abschnitte, die sich aus den Ährchen und einem kleinen Stück der Ährenspindel zusammensetzen, verbreitet werden können. Bei der Entwicklung zu Kulturpflanzen sind zähe Ährenspindeln entstanden; die Ähren bleiben auch mit der vollen Abreife erhalten und können mit allen Ährchen und den darin enthaltenen Körnern geerntet werden. Nur die kultivierten Weizenarten der tetraploiden und hexaploiden Reihen haben eine zähe Ährenspindel. Spindelbrüchigkeit findet sich aber noch bei der früher weit verbreiteten Weizenart Dinkel; die Ährenabschnitte mit den Stücken der Ährenspindel werden als „Veesen“ bezeichnet. Ein weiteres Charakteristikum der Entwicklung zur Kulturpflanze ist bei Weizen die Bespelzung der Körner; die in Kultur befindlichen Weizenarten sind überwiegend „freidreschend“, d. h., mit dem Drusch lösen sich die Körner aus den Spelzen. Bei den Wildtypen und auch einigen kultivierten Weizenarten (z. B. Dinkel) umhüllen die Spelzen die Karyopsen so fest, daß sie beim Dreschen der Ähren nicht aus den Spelzen gelöst werden.

Weizen ist weit verbreitet. Er findet sich bis zum 60. Grad nördlicher Breite, gelegentlich auch noch darüber hinaus. In Nordamerika reicht der Weizenanbau etwa bis zum 50. Breitengrad. Nach Süden erreicht der Weizenanbau den 10. Breitengrad (in Indien). Auf der südlichen Halbkugel liegen entsprechende Verbreitungen vor. In den Alpen kann der Weizen bis zu einer Höhe von etwa 1500 m über NN im Anbau gefunden werden.

Saatweizen (Weichweizen)

Triticum aestivum L. emend. Fiori et Paol. (*Tríticum* = röm. Name für Weizen; *aestívum* = im Sommer wachsend/blühend); engl. *common wheat*, franz. *blé ordinaire*, span. *trigo tierno*. Einjährige und überjährige Pflanzen (Sommer- und Winterformen); Familie Gramineae = Poaceae (Gräser); alloploide Genomstruktur ($2n = 6x = 42$; $x = 7$). Ernteteil: Früchte („Körner“), bot. Karyopsen (Endospermanteil ca. 80 %). Inhaltsstoffe: Kohlenhydrate (Stärke) ca. 60 %, Eiweiß ca. 12 %, Fett ca. 2 % (Wasser ca. 13 %).

Saatweizen ist weltweit von überragender wirtschaftlicher Bedeutung; er steht in der Erzeugung und der Anbaufläche an der Spitze der Kulturpflanzenarten, auf denen die pflanzliche Produktion beruht. Die Nutzung des Saatweizens ergibt sich aus seiner Eignung zur Herstellung von Backwaren. Aus den Körnern von Saatweizen wird ein Mehl erzeugt, das eine echte Backfähigkeit aufweist. Diese beruht auf dem „Kleber“, bei dem es sich im wesentlichen um Eiweiße handelt, die im Mehlkörper (Endosperm) als Vorratssubstanzen gebildet werden. Die Rohproteingehalte des Saatweizens liegen zwischen ca. 11 und 14 %; als Proteinfraktionen sind Albumin (5 %; Enzymproteine), Globulin (10 %; Reservepro-

Saatweizenpflanzen im Bestand

teine und Enzymproteine), Prolamin (70%; Reserveproteine) und Glutelin (25%; Reserveproteine) zu berücksichtigen. Prolamine (beim Weizen als Gliadin bezeichnet) sind eng mit Glutelinen (über Disulfidbrücken) verknüpft.

Der Komplex aus Prolamin und Glutelin wird als Gluten (Glutenin) bezeichnet und ist Grundsubstanz des „Klebers". Nach dem Auswaschen des Mehls mit Wasser verbleibt die Kleber-Fraktion als eine gummiartige Masse. Albumine und Globuline sind wasserlöslich und finden sich daher nicht im „Kleber". Die biologische Wertigkeit des Weizeneiweißes ist relativ gering (ca. 45); es liegt ein Mangel an essentiellen Aminosäuren, insbesondere Lysin (und Threonin) vor. Eine ausreichende Lysinmenge für den Tagesbedarf (ca. 800 mg) wird mit etwa 500 g Brot aus Weizenmehl erreicht.

Die Backfähigkeit zeigt sich darin, daß im Backprozeß der Teig aufgeht und ein Gebäck mit einer (gleichmäßigen) Porung entsteht. Aus 100 g Mehl kann ein Brotvolumen von 600 bis 700 cm^3 erzeugt werden; gute Werte liegen über 700 cm^3. Mehl wird nach Typenangaben gehandelt. Vielfach wird Mehl der Type 550 verwendet. Diese Angabe bedeutet, daß 0,55% Asche im (wasserfreien) Mehl enthalten sind. Dieser Aschegehalt wird mit einem Ausmahlungsgrad von ca. 75% erreicht (Zeichnung). Der Ausmahlungsgrad gibt an, wieviel Mehl aus einer vorgebenen Kornmenge erzeugt wird. Beim Mahlvorgang wird nur der Mehlkörper, der etwa 80% der Kornmasse ausmacht, für die Mehlerzeugung verwendet. Die äußeren Teile des Korns (Schalenteile und Keimling = Kleie) werden im Mahlvorgang vom Endosperm separiert. Wird von den äußeren Schichten des Korns im Mahlvorgang weniger entfernt, steigt der Aschegehalt an. Diese Mehle weisen eine mindere Backqualität auf; ernährungsphysiologisch können sie aber eher als günstig beurteilt werden, da der Gehalt an Mineralen, Vitaminen und Aminosäuren hoch ist.

Ein erheblicher Teil der Weichweizenernte wird unter den heutigen Produktionsbedingungen nicht zur menschlichen

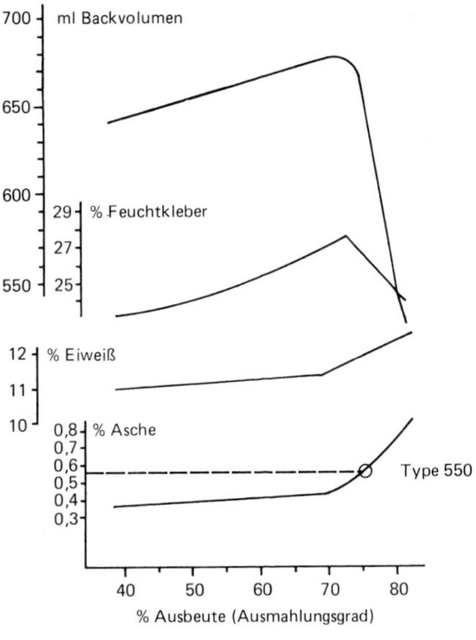

Beziehungen des Ausmahlungsgrades zu qualitätsbestimmenden Eigenschaften von Weizenmehl (nach Bolling 1986 aus Geisler 1988).

Das Backvolumen wurde nach dem Rapid-Mix-Test (RMT) bestimmt, einem praxisähnlichen, normierten Backversuch; er bezieht sich auf das Backvolumen, das aus 100 g Mehl erzeugt werden kann. Die Ausmahlung erreicht im Durchschnitt etwa Werte um 75 bis 77 %; damit erfolgt im wesentlichen eine Orientierung am Backvolumen. Mehle mit einem geringeren Aschegehalt sind hell und weisen eine geringere Ausbeute auf.

Ernährung verwendet, sondern verfüttert. Ferner werden Teile der Weizenernte für die Herstellung von Bier verbraucht. Als Qualität ist dann die vergärbare Kornmasse zu beurteilen; Eiweiß ist für die Brauerei eine qualitätsbeeinträchtigende Komponente. Eine technische Verwertung von Weizen liegt in der Erzeugung von Stärke.

Beim Weichweizen sind Winter- und Sommerformen im Anbau, überwiegend wird die Winterform angebaut. Begrenzend für die Anbauwürdigkeit ist bei den Winterformen die Winterfestigkeit der Pflanzen (in der Ruhephase der Entwicklung). Die Winterfestigkeit erreicht ca. -20 °C und bestimmt damit auch die Anbauwürdigkeit von Winterweizen in höheren Breiten. Die minimalen Keimtemperaturen liegen beim Weichweizen um 2 bis 3 °C, rasche und gleichmäßige Keimung erfolgt bei etwa 6 bis 7 °C. Der Vernalisationsanspruch für die Winterform wird mit Temperaturen von 0 bis 4 °C und einer Einwirkungsdauer von ca. 30 bis 40 Tagen erfüllt.

Die Saat erfolgt im Herbst; Weizen ist relativ unempfindlich gegen späte Aussaat, so daß der Winterweizen meist nach Wintergerste und Winterroggen bestellt wird. Nach dem Auflaufen bestocken sich die Pflanzen (Seitensproßbildung im Bereich der Halmbasis). Aus dem Keimling und der Hauptsproßachse entwickeln sich unmittelbar an oder etwas unter der Erdoberfläche nahezu gleichrangige Sproßachsen, die zunächst während der Bestockungsphase sehr kurz bleiben, und an ihren oberen Enden Blattprimordien und schließlich die Ähre mit den Ährchenstufen anlegen. Nach der Überwinterung und einer ausreichenden Vernalisation beginnt im Frühjahr das Streckungswachstum. Die bereits in der Jugendphase angelegten Blattprimordien entwickeln sich zu Blättern, und am Ende der Streckungsphase liegt dann die endständige Ähre mit den voll entwickelten Ährchen und Blüten vor. Mit dem Ährenschieben und der Blüte wird die Gesamtentwicklung der Pflanze abgeschlossen. Weizen ist Selbstbefruchter. Nach der Befruchtung entwickeln sich die Körner (Karyopsen), in die als Reservesubstanzen (überwiegend) Stärke und Eiweiße eingelagert werden.

Die Sommerform des Weichweizens wird im zeitigen Frühjahr ausgesät – Sommerweizen ist gegen eine Verzögerung der Saat im Frühjahr empfindlich und reagiert mit Ertragsminderungen. Der Entwicklungsablauf ist grundsätzlich vergleichbar mit dem der Winterform. Nach der Keimung entwickelt sich eine bestockte Jungpflanze mit den Primordialstadien von Blättern und Ähren mit Ährchen. Dann folgen Schossen, Ährenschieben und Blüte.

Saatweizen, Ertragsstruktur

Einzelpflanze Saatweizen

Die Erträge von Sommerweizen sind regelmäßig niedriger als die des Winterweizens. Die Körner des Sommerweizens weisen (meist) eine gute Backqualität auf.

Bei Saatweizen handelt es sich zwar um eine Langtagpflanze, die Sensibilität kann bei den Weizensorten aber recht unterschiedlich ausgeprägt sein, so daß für die von der geographischen Breite abhängigen Tageslängen geeignete Typen zur Verfügung stehen. Die photoperiodische Sensibilität wirkt sich auf die Ertragsbildungsprozesse aus, wobei insbesondere die Differenzierungsphase in den bestockten Pflanzen betroffen ist. Je nach Eignung für den Anbau unter bestimmten geographischen Breiten ergibt sich eine mehr oder weniger große Anzahl von Ährchenstufen.

Bei der Sommerform wird das Schossen, das ist der Übergang aus der Bestockungsphase zum Streckungswachstum der Halme, nicht durch Vernalisationsreize wie bei der Winterform, sondern überwiegend durch die photoperiodische Empfindlichkeit ausgelöst.

In der Ertragsstruktur kann man davon ausgehen, daß unter durchschnittlichen Anbaubedingungen mit hohen Bestandesdichten zwei (oder drei) Halme je Pflanze mit Ähren entwickelt werden. An der Ährenspindel sitzen Ährchen (ca. 20 bis 25), die beim (hexaploiden) Saatweizen regelmäßig mehrere Körner enthalten. Durchschnittlich sind zwei bis vier Körner zu erwarten. Die Körner in der Ähre sind nicht gleich groß, sondern im oberen und unteren Bereich der Ähre etwas leichter. Auch innerhalb der Ährchen sind die Körner unterschiedlich; in der ersten und zweiten Position sind sie am schwersten, während in der dritten und den höheren Positionen die Körner meist schwächer ausgebildet sind. Das Korngewicht ist sortenspezifisch; man kann mit etwa 40 bis 55 g für 1000 Körner rechnen.

Hartweizen (Durum-Weizen)

Triticum durum Desf. (*Tríticum* = röm. Name für Weizen, dúrus = hart); engl. *durum wheat*, franz. *blé dur*; span. *trigo duro*. Einjährige, selten überjährige Pflanzen (überwiegend Sommerform); Familie Gramineae = Poaceae (Gräser); alloploide Genomstruktur (2n = 4x = 28; x = 7). Ernteteil: Früchte („Körner“), bot. Karyopsen (Endospermanteil ca. 80%). Inhaltsstoffe: Kohlenhydrate (Stärke) ca. 60%, Eiweiß ca. 14%, Fett ca. 2% (Wasser ca. 13%).

Im Vergleich zum Saatweizen ist die wirtschaftliche Bedeutung des Hartweizens geringer; für die Erzeugung von Teigwaren wird Hartweizen benötigt. In Gebieten, deren Bevölkerung an die Verwendung von Teigwaren als wesentlichen Bestandteil der Ernährung gewöhnt ist, finden sich daher auch relativ umfangreiche Anbauflächen für Hartweizen. Bezogen auf die Weltweizenproduktion entfallen ca. 10% auf Hartweizen.

Im Handel wird auch Saatweizen *(T. aestivum)* – besonders amerikanischer Weizen – mit einem hohen Eiweißgehalt als „Hartweizen“ bezeichnet; dieser sollte aber nicht mit dem Durum-Weizen verwechselt werden.

Das Herkunftsgebiet liegt wie beim Saatweizen im „Fruchtbaren Halbmond“ (die hügeligen Gebiete der mittleren und östlichen Türkei, des westlichen Irans, des Irak, Syriens, des Libanons, Jordaniens und Israels). Die Verbreitungsgebiete des Hartweizens finden sich in den warmen Regionen des gemäßigten Klimas; darüber hinaus wird Hartweizen auch im subtropischen und z. T. im tropischen Bereich angebaut. Charakteristisch sind im Klimaverlauf der Anbaugebiete warme und sommertrockene Bedingungen. In Europa wird der Hartweizen in den südlichen Ländern (Frankreich, Italien, Balkanstaaten etc.) angebaut.

Hartweizen ist Grundlage der Teigwarenherstellung; es werden Durum-Weizengrieß und Durum-Weizenmehl (mit einer Ausmahlung nicht höher als 70%) erzeugt. Teigwaren werden vielfach in Mischung mit Eimasse angefertigt. Die Verbraucher erwarten ein bernsteinfarbiges Aussehen, fleckenlose Ware und glatte Oberfläche. In

Hartweizenpflanzen im Bestand

Deutschland werden überwiegend Eierteigwaren hergestellt, während in Italien und Frankreich auch eifreie Teigwaren im Handel sind. Ein hoher Eiweißgehalt des Mehls (über 14,5%) wird verlangt, es soll hohe Gelbpigmentwerte (beruhen auf Karotin) aufweisen.

Die „Körner" müssen eine glasige Struktur haben. Die glasige Struktur der Körner ergibt sich aus der dichten Lagerung sowie einer Verkittung von Stärkekörnern mit Eiweiß. Durch ungünstige Witterungsbedingungen (feuchte und kühle Witterung) während der Entwicklung der Körner kann es zu einer mehligen Struktur des Endosperms kommen. Diese beeinträchtigt die Qualität der Teigwaren; es finden sich dann weiße Stippen. Die Kleberstruktur des Hartweizens bedingt die Kochfestigkeit. Rohstoff der Teigwarenherstellung ist der „Dunst", ein Mahlerzeugnis, das in der Körnigkeit zwischen Grieß und Mehl liegt.

Hartweizen wird überwiegend in der Sommerform angebaut. Er wird im zeitigen Frühjahr gesät. Das Minimum der Keimtemperatur liegt bei 3 bis 4 °C. Die Pflanzen durchlaufen eine Bestockungsphase, eine Schoßphase, das Ährenschieben und die Blüte (Hartweizen ist Selbstbefruchter). Anschließend erfolgt die Entwicklung und das Wachstum der Körner.

Die Pflanzen des Hartweizens sind langstrohig und in der Halmstruktur schwach ausgebildet, die Standfestigkeit ist gering. In der Ertragsstruktur werden etwa 15 Ährchen pro Ähre ausgebildet. Überwiegend finden sich zwei Körner pro Ährchen; gelegentlich werden bis zu drei Körner pro Ährchen gebildet. Die dichte Lagerung der Stärke und des Eiweißes im Korn erhöhen das Korngewicht gegenüber Saatweizen um 10 bis 20%; 1000 Körner wiegen ca. 48 bis 60 g.

Hartweizen, Ertragsstruktur

Dinkel (Spelz)

Triticum spelta L. (*Tríticum* = röm. Name für Weizen; *spélta* = Spelz, Dinkel); engl. *spelt wheat*, franz. *épeautre*, span. *espelta*. Einjährige und überjährige Pflanzen (überwiegend Winterform); Familie Gramineae = Poaceae (Gräser); alloploide Genomstruktur (2n = 6x = 42; x = 7). Ernteteil: Früchte („Körner"), bot. Karyopsen (Endospermanteil ca. 80%). Inhaltsstoffe: Kohlenhydrate (Stärke) ca. 60%, Eiweiß ca. 12%, Fett ca. 2% (Wasser ca. 13%).

Dinkel weist noch typische Merkmale des Wildweizens auf. Beim Drusch werden die Körner nicht von den Spelzen getrennt. Die Ährenspindel ist brüchig, und mit der Abreife zerfällt die Spindelachse in Abschnitte, an denen jeweils ein Ährchen sitzt (Veesen). Es muß daher relativ frühzeitig geerntet werden, um Verluste durch auseinanderbrechende Ähren zu vermeiden. Nach der Ernte müssen die Körner in entsprechend eingerichteten Mühlen entspelzt werden.

Dinkel stammt aus dem vorderasiatischen Gebiet (östliche Türkei, westlicher Iran, Irak, Jordanien, Syrien und Palästina). Diese Getreideart war früher verbreitet in süddeutschen, österreichischen und schweizerischen Gebieten im Anbau, wobei insbesondere ungünstige Standorte - überwiegend in hügeligen und gebirgigen Lagen - mit Dinkelweizen bestellt wurden; es handelt sich um eine anspruchslose Weizenart.

Dinkelpflanzen im Bestand

Die Pflanzen sind langstrohig (1,50 m) und haben bei den meisten Sorten eine lange und lockere Ähre, in der die Körner fest von den Spelzen eingeschlossen sind (daher nicht freidreschend). Die Getreideart hatte früher große Bedeutung; Ortsbezeichnungen wie der Stadtname Dinkelsbühl weisen darauf hin.

Im Zusammenhang mit der gestiegenen Intensivierung im Pflanzenbau und insbesondere im Weizenanbau sind die Anbauflächen stark zurückgegangen. Heute findet sich nur noch in ungünstigen Lagen mit rauhem Klima und auf armen Böden Dinkelanbau.

Die Körner des Dinkelweizens ergeben ein eiweißreiches Mehl mit hohem Klebergehalt. Dieses Mehl eignet sich besonders zur Herstellung von Mehlspeisen, z. B. „Spätzle". Der hohe Kleberanteil bindet viel Wasser, so daß die Produkte lange frisch gehalten werden können. Aufgrund der geringen Kleberqualität werden die Mehle des Dinkelweizens allerdings weniger für Backwaren verwendet; durch Aufmischen mit anderen Weizenmehlen kann die Backqualität verbessert werden.

Der Anbau von Dinkel erfolgt regelmäßig als Winterform. Die Keimminimumtemperaturen liegen bei 2 bis 4 °C; die Winterfestigkeit ist hoch (noch unter −20 °C). Die Pflanzen durchlaufen eine Bestockungsphase, schossen und gelangen dann zur Blüte (Dinkel ist Selbstbefruchter). Als hexaploider Weizen bildet Dinkel in den Ährchen zwei bis drei Körner. Die Ähren brechen nach der Abreife leicht auseinander. Die Körner bleiben fest von den Spelzen umschlossen, sind aber nicht mit ihnen verwachsen. In Mühlen werden die Spelzen über weit eingestellte Mahlsteine von den Körnern entfernt („gegerbt").

Eine besondere Form der Nutzung des Dinkels ist die „Grünkern"-Erzeugung. Die

Dinkel, Ertragsstruktur

Körner werden vor der Reife – in der Teigreife – geerntet, solange die Ähren (und auch die äußeren Kornschichten) noch grün sind und der Wassergehalt bei etwa 40% liegt. Diese extrem frühe Ernte hat sich wahrscheinlich aufgrund der Spindelbrüchigkeit entwickelt, da bei ungünstigen Witterungsverläufen sonst ein großer Teil der Ernte verlorengehen konnte. Die vorzeitige Ernte erbringt ein Erntegut, das in spezieller Weise zu verarbeiten ist. Zunächst werden die bespelzten Körner getrocknet („Darren"). Es werden hohe Temperaturen (bis 120 °C) angewendet, so daß auch ein Rösteffekt eintritt. Nach dem Trocknen werden die Spelzen entfernt. Das Mehl aus „Grünkern" ist aufgrund dieses Verfahrens nicht mehr backfähig. Das Mehl zeichnet sich durch einen eigenen, besonders würzigen Geschmack aus und hat eine grünlichgelbe Farbe. Es können Graupen, Grünkernmehl, Grünkerngrieß und Grünkernflocken hergestellt werden. Der Anteil essentieller Aminosäuren ist vergleichsweise hoch.

Roggen

Secale cereale L. (*Secále* = röm. Name für Roggen; *cereális* = Getreide betreffend); engl. *rye*, franz. *seigle*, span. *centeno*. Einjährige und überjährige Pflanzen (Sommer- und Winterformen); Familie Gramineae = Poaceae (Gräser); diploide Genomstruktur (2n = 2x = 14; x = 7; ein autotetraploider Roggentyp ist als Züchtung bekannt, 2n = 4x = 28). Ernteteil: Früchte („Körner"), bot. Karyopsen (Endospermanteil ca. 80%). Inhaltsstoffe: Kohlenhydrate (Stärke) ca. 62%, Eiweiß ca. 9%, Fett ca. 1,7% (Wasser ca. 14%).

Roggen ist eine sekundäre Kulturpflanze, die zunächst als „Ungras" in Weizen- bzw. Gerstenbeständen auftrat. Bei der Ausweitung des Getreideanbaus in Gebiete mit klimatischen Bedingungen, die Roggenpflanzen in der Entwicklung begünstigten, verschob sich das Artenspektrum im Getreideanbau zugunsten des Roggens. Die Herkunftsgebiete des Roggens liegen in Vorderasien sowie in Anatolien und im Kaukasus.

Roggen ist in der weltweiten Verbreitung auf das kühl-gemäßigte Klima beschränkt. Er nimmt innerhalb der Getreideanbauflächen einen regionalspezifischen Bereich ein.

Überwiegend wird Roggen unter ungünstigen Standortbedingungen angebaut, wobei arme und trockene Böden sowie klimatisch durch Sommertrockenheit gekennzeichnete Verhältnisse gegeben sind. Be-

Roggenbestand

sondere Bedeutung hat Roggen in Gebieten, in denen die Temperaturen während der kalten Jahreszeit besonders niedrig liegen; die Winterfestigkeit des Roggens erreicht unter -25 °C. Der „Tetra"-Roggen (Genomstruktur 2n = 4x = 28) hat sich in Deutschland trotz eines hohen Ertragspotentials im Anbau nicht durchgesetzt.

Roggen wird im wesentlichen als Brotgetreide angebaut, ein Teil der Ernte wird allerdings auch verfüttert. Die Backeigenschaften des Mehls beruhen überwiegend auf der Verkleisterungsfähigkeit der Stärke. Die Verkleisterung erfolgt im Verlauf des Backprozesses, z. T. also auch noch unter den ansteigenden Temperaturen im Backofen. Die Verkleisterung kann stark gestört sein, wenn in den Körnern noch auf der Ähre bzw. kurz nach der Ernte Keimungsprozesse eingesetzt hatten. Dies ist vielfach äußerlich nicht zu erkennen („latenter" Auswuchs), enzymatische Prozesse haben aber bereits begonnen, Stärke zu Zuckern abzubauen. Die Verkleisterungsfähigkeit geht dann teilweise verloren. Müllereibetriebe prüfen daher regelmäßig die Verkleisterungsfähigkeit des Roggenmehls, indem es mit Wasser aufgeschwemmt und die Viskosität (Zähigkeit) dieser Aufschwemmung gemessen wird. Hohe Viskosität zeigt, daß kein „Auswuchs" vorliegt und die Backfähigkeit des Mehls nicht beeinträchtigt ist.

Die Eiweißkomponente ist ernährungsphysiologisch bei Roggen günstig zu beurteilen, weil die essentiellen Aminosäuren etwas stärker vertreten sind als bei anderen Getreidemehlen. Roggen hat keine dem Weizen-Kleber entsprechende Eiweißfraktion. Die Backfähigkeit des Roggenmehls ist von der Qualität der Stärke und von Quellstoffen (Pentosane) abhängig. Von besonderer Bedeutung ist der enzymatische Zustand des Mehls (Amylase-Aktivität). Roggenmehltypen haben durchschnittlich einen hohen Aschegehalt (0,82 bis 1,8% Asche im Mehl). Die Herstellung von Backwaren (z. B. Brot) erfolgt grundsätzlich mit der Verkleisterung der Roggenstärke. Dieser Vorgang läuft im sauren pH-Bereich ab (Milchsäuregärung im Sauerteig). Hohe Eiweißgehalte des Mehls beeinträchtigen die Backfähigkeit. Der Ausmahlungsgrad bestimmt die Farbe des Mehls, die Farbstoffe sind in der Aleuron-Schicht sowie in der Samen- und Fruchtschale enthalten; grünkörnige Sorten ergeben ein dunkler gefärbtes Mehl.

Für den Anbau stehen Winter- und Sommerformen zur Verfügung; überwiegend wird die Winterform genutzt. Die Minimumtemperaturen der Keimung liegen bei 2 bis 3 °C. Die Pflanzen sollen sich noch vor dem Winter bestocken. Die Winterfestigkeit ist mit -25 °C (und darunter) ausgeprägt. Roggen beginnt im Frühjahr zeitig zu wachsen und entwickelt sich rasch. Die Bestockung ist im wesentlichen bereits vor der Überwinterung erfolgt. Es kommt zu einer frühen Ernte. Roggenanbau ist daher in sommertrockenen Gebieten besonders leistungsfähig. Roggen ist Fremdbefruchter; Roggenbestände stellen ein Gemisch von Pflanzen mit unterschiedlichen Erbanlagen dar. Dem entspricht auch das recht uneinheitliche äußere Bild eines Roggenbestandes.

Zur Blüte wird der Pollen von den sich öffnenden Blüten meist zeitlich gemeinsam entlassen, so daß man zur Blüte des Roggens über Roggenfeldern häufig eine Pollenwolke beobachten kann. Das Entlassen der Pollen wird durch die Umgebungstemperatur gesteuert, wobei in den Morgenstunden mit der Zunahme der Temperatur über 12 °C die Pollensäcke aufplatzen und den Pollen freisetzen. Vielfach werden am Nachmittag nochmals Pollen entlassen.

Roggenähre, blühend

Roggen, Ertragsstruktur

Der Fruchtstand der Roggenpflanze ist eine Ähre. Die Anzahl der Ährchenstufen an der Ährenspindel ist hoch und kann bis zu 50 Ährchen/Ähre erreichen. In den Ährchen werden meist nicht mehr als zwei Körner ausgebildet. Das Gewicht der Körner ist geringer als bei Weizen (1000 Körner wiegen ca. 30 bis 40 g). Aufgrund der Fremdbefruchtung – und auch als Folge zytologischer Besonderheiten – findet sich bei Roggen eine sog. Schartigkeit, d. h., einzelne Kornpositionen in den Ährchen bleiben unfruchtbar. Gelegentlich fehlt ein Korn im Ährchen.

Triticale

× **Triticosecale** Wittm. (*Secale* L. × *Triticum* L.; *Tríticum* = röm. Name für Weizen; *secále* = röm. Name für Roggen); engl., franz., span. *triticale*. Einjährige und überjährige Pflanzen (Sommer- und Winterformen; Familie Gramineae = Poaceae (Gräser); alloploide Genomstrukturen (2n = 4x, 6x = 28, 42; x = 7; Roggen- und Weizengenom bilden das Triticale-Genom). Ernteteil: Früchte („Körner"), bot. Karyopsen (Endospermanteil ca. 80 %). Inhaltsstoffe: Kohlenhydrate (Stärke) ca. 60 %, Eiweiß ca. 14 % (essentielle Aminosäure Lysin über 3 % im Eiweiß), Fett ca. 2 % (Wasser ca. 13 %).

Triticale bezeichnet eine Gruppe von Getreideneuzüchtungen, die aus Kreuzungen

Triticalebestand

zwischen Weizen und Roggen entstanden sind. Regelmäßig wird die Weizenpflanze als Mutterpflanze verwendet; Roggen ist Pollenspender. Die Kreuzungen können mit hexaploiden oder tetraploiden Weizenarten durchgeführt werden; die tetraploiden Triticale-Typen stellen ein Mischgenom von Weizen und Roggen dar. Zytologisch entstanden hexa- und oktoploide Genome bei Triticale. Es haben sich nahezu ausschließlich die hexaploiden Triticale-Typen ($2n = 6x = 42$) durchgesetzt.

Ziel der Züchtung war es, die guten Leistungs- und Qualitätseigenschaften des Weizens mit der Anspruchslosigkeit und Krankheitsresistenz des Roggens zu kombinieren. Dies ist nur teilweise gelungen. Die Backqualität des Weizens findet sich in Triticale-Sorten nicht. Auch die Anspruchslosigkeit und insbesondere die Krankheitsresistenz des Roggens ist nur mit Einschränkungen bei Triticale-Sorten nachzuweisen. Insgesamt stehen die Kreuzungsprodukte etwa zwischen Weizen und Roggen. In den ökologischen Ansprüchen eignen sich Triticale-Sorten für den Anbau auf ungünstigen Standorten. Seit Einführung von Triticale-Sorten haben sich z. T. recht erhebliche Anbauflächen in Nordamerika (USA, Kanada) und Rußland entwickelt. Kleinere Anbauflächen finden sich in vielen Staaten, in denen der Getreideanbau – insbesondere Roggen – Bedeutung hat.

Ernährungsphysiologisch ist das Mehl von Triticale interessant, da ein hoher Anteil essentieller Aminosäuren (z. B. Lysin) vorhanden ist. Durchweg ist der Eiweißgehalt im Korn höher als bei Weizen und Roggen. Die Mehlausbeute ist meist niedrig, da das Hektolitergewicht gering ist. Man kann Brot aus Triticale-Mehl herstellen, die Backvorgänge werden durch Beimischung von Weizenmehl (ca. 20 bis 25%) gefördert. Reine Triticale-Mehle haben eine geringe Kleberqualität und ergeben nur flache Brotlaibe. Das Backen mit Sauerteig, als typisches Verfahren für Roggenmehl, ist auch mit Triticale-Mehl möglich.

Es stehen Winter- und Sommerformen zur Verfügung. Die Keimtemperaturminima liegen bei 2 bis 3 °C. Nach der Bestokkung – bei der Winterform bereits vor dem Winter – folgen die Phasen des Schossens und Ährenschiebens sowie die Blüte. Bei Triticale liegt (überwiegend) Selbstbefruchtung vor.

Das Kornwachstum weist Unregelmäßigkeiten auf, was auf die unterschiedlichen Steuerungsvorgänge des Weizen- und Roggengenoms zurückgeführt wird. Aus den Unregelmäßigkeiten in der Kornentwicklung ergibt sich eine „runzelige" Oberfläche des Korns sowie die Bildung von Schrumpfkörnern; dies hat ein geringes Hektolitergewicht zur Folge.

In der Ertragsstruktur sind die Ähren der Triticale-Sorten regelmäßig durch eine hohe Anzahl von Ährchenstufen (30 bis 40) gekennzeichnet, eine Eigenschaft, die vom Roggen stammt. Der Kornbesatz in den Ährchen ist aber geringer als bei Weizen; im Mittel der Ähre zwei bis dreieinhalb Körner. Kennzeichnend für die Inhaltsstoffe des Korns sind ein hoher Eiweißgehalt (um 14% und darüber) sowie eine günstige Aminosäurezusammensetzung mit einem hohen Gehalt an Lysin. 1000 Körner wiegen ca. 45 bis 50 g.

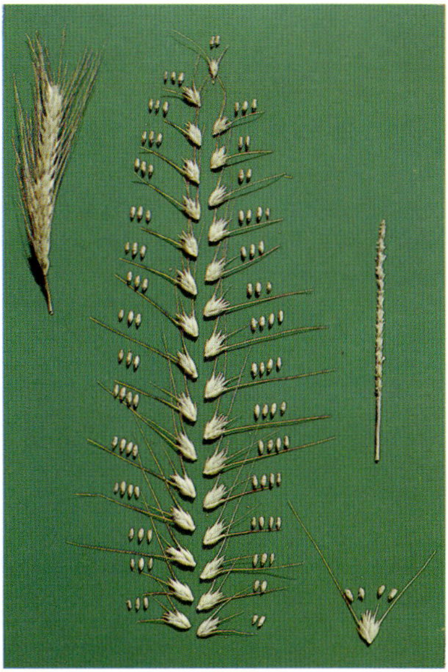

Triticale, Ertragsstruktur

Triticalepflanzen

Gerste

Hordeum vulgare L. (*Hórdeum* = röm. Name für Gerste; *vulgáre* = gewöhnlich); engl. *barley*, franz. *orge*, span. *cebada*. Einjährige und überjährige Pflanzen (Sommer- und Winterformen); Familie Gramineae = Poaceae (Gräser); diploide Genomstruktur (2n = 2x = 14; x = 7). Ernteteil: Früchte („Körner"), bot. Karyopsen (Endospermanteil ca. 70%). Inhaltsstoffe (entspelztes Korn; Spelzenanteil am Korn ca. 8 bis 15%): Kohlenhydrate (Stärke) ca. 64%, Eiweiß ca. 10%, Fett ca. 2% (Wasser ca. 12%).

Die im Anbau befindlichen Gersten werden in der botanischen Systematik alle der Art *Hordeum vulgare* zugerechnet. Die Art wird in die Konvarietäten *distichon* (zweizeilige Gersten) und *vulgare* (vielzeilige Gersten) unterteilt. Innerhalb dieser Konvarietäten finden sich charakteristische Ähren- und Korntypen (siehe Tabelle). Der Fruchtstand der Gerste ist eine Ähre, an den Ährchenstufen sind jeweils bis zu drei Ährchen.

Aus der Struktur der Ähre und der Anzahl der Ährchen/Ährchenstufe ergeben sich die Ährenformen. Bei den zweizeiligen Gersten ist ein Ährchen mit einer fruchtbaren Blüte an der Ährchenstufe vorhanden mit dem Gesamteindruck einer „Zweizeiligkeit". Bei vielzeiligen Gersten werden drei Ährchen an der jeweiligen Ährchenstufe ausgebildet; jedes Ährchen enthält eine fruchtbare Blüte.

Die Ährchenstufen, die jeweils gegenüberstehend an der Ährenspindel angeord-

Vielzeilige Gerstenpflanzen im Bestand

Zweizeilige Gerstenpflanzen im Bestand

net sind, vermitteln damit das Bild einer „Vielzeiligkeit". Die Spelzen sind bei der Gerste mit dem Korn fest verwachsen. Es gibt aber auch freidreschende Gersten („Nacktgerste"). Diese „Nacktgersten" gehören wahrscheinlich zu den ältesten kultivierten Pflanzenarten. Auch die Grannen, die an der mit dem Korn regelmäßig verwachsenen Deckspelze einen langen, schmalen Fortsatz bilden, können sehr unterschiedlich ausgeformt sein. Meist findet sich eine lange, über die Ähre hinausragende Granne. Es gibt aber auch Formen mit stark reduzierten Grannen, die nur noch als kurze Fortsätze der Deckspelze („Kapuzengerste") vorhanden sind. Auch grannenlose Gersten sind bekannt.

Zweizeilige Gerste

Gersten stammen aus Vorderasien: aus den hügeligen Gebieten der Osttürkei, des westlichen Irans, des Iraks, Libanons, Jordaniens und Palästinas. Gersten gehören zu den ersten von den Menschen domestizierten Pflanzenarten.

Die wirtschaftliche Bedeutung der Gerste ist geringer als die der Getreidearten Weizen, Mais und Reis. Es liegt aber eine weite geographische Verbreitung vor, weil

Systematik der Gerste
(*Hordeum vulgare* L.)

convar. *distichon* (zweizeilig)	convar. *vulgare* (mehrzeilig)
var. *nudum* (Nacktgerste)	var. *nudum* (Nacktgerste)
var. *trifurcatum* (Kapuzengerste)	var. *trifurcatum* (Kapuzengerste)
var. *inerme* (grannenlose Gerste)	var. *inerme* (grannenlose Gerste)
var. *zeocrithon* (Pfauengerste)	var. *hexastichon* (sechszeilige Gerste)
var. *deficiens* (Seitenährchen extrem reduziert)	

aus Geisler (1988)

Gerste auch unter ungünstigen Anbaubedingungen oft noch gedeihen kann. Dies beruht überwiegend auf den vergleichsweise kurzen Vegetationsabläufen der Sommergerste. Damit wird es möglich, auch unter ungünstigen Standortbedingungen innerhalb einer im Jahresrhythmus kurzen Nutzungszeit (z. B. in hohen Breiten oder in Gebirgslagen) Gerste als Getreidefrucht anzubauen.

Die Kornerträge der Gerste werden überwiegend als Futter verwendet. Der hohe Zelluloseanteil (8 bis 15%) als Folge der mit dem Korn verwachsenen Spelzen ist bei der Beurteilung des verdaulichen Energiegehaltes der Gerste zu berücksichtigen. Für die menschliche Ernährung können aus Gerste Grieß bzw. Graupen hergestellt werden; gelegentlich wird auch Mehl erzeugt. Bei der Graupenherstellung werden die Körner auf Mahlsteinen, die mit einer Schmirgelmasse belegt sind, von den Spelzen befreit. Eine weitere Bearbeitung durch Schleifen und Polieren führt dann zu einer runden Form des Korns, wobei die Frucht- und Samenschale nahezu vollständig entfernt werden. Unterschiedliche Korngrößen werden durch Zerkleinern der Körner hergestellt. Aus Graupen können Breigerichte oder Suppen zubereitet werden. Eine besondere Verwendungsform ist der Malzkaffee, wofür die Gerste zunächst angekeimt, anschließend als Malz gedarrt und dann gemahlen und geröstet wird.

Ein erheblicher Anteil des Gerstenanbaus – nahezu ausschließlich zweizeilige Sommergerste – dient der Biererzeugung. Die Gerste wird zur Bierherstellung zunächst angekeimt, das sogenannte Grünmalz. Dieses wird getrocknet, und die bei der Keimung hervorgetretenen Würzelchen werden entfernt – es entsteht dann Darrmalz. Mit der Keimung haben sich in den Körnern Enyzme entwickelt, mit denen die Reservesubstanzen abgebaut werden; dies gilt insbesondere für die Verzukkerung der Stärke durch Amylasen.

Das Malz wird mit warmem Wasser eingemaischt. Die enzymatischen Prozesse setzen sich dann weiter fort, und ein großer Teil der Inhaltsstoffe der Gerstenkörner wird löslich. Die gelösten Stoffe ergeben die Würze; die unlöslichen Rückstände sind der Treber. Anschließend wird Hopfen hinzugefügt und die Würze mit dem Hopfen gekocht. Die abgekühlte, flüssige Masse wird mit Hefe versetzt und vergoren. Die Hauptgärung kann in geschlossenen oder offenen Behältern verlaufen. Man unterscheidet untergärige und obergärige Bierhefen. Bei untergärigen Hefen setzt sich der überwiegende Teil der Hefe am Ende der Gärung auf dem Boden ab. Obergärige Hefen steigen dagegen mit dem Abschluß der Gärung auf und finden sich dann an der Oberfläche.

Zweizeilige Gerste, Ertragsstruktur

Vielzeilige Gerste, Ertragsstruktur

Bei Gerste kann neben Winter- und Sommerformen auch eine Wechselform unterschieden werden. Wechselformen sind sowohl im Herbst als auch im Frühjahr anzubauen. Die Keimminimumtemperaturen liegen bei 3 bis 4 °C. Bei der Winterform bilden die Einzelpflanzen noch vor dem Überwintern Bestockungstriebe. Die Winterfestigkeit ist im Vergleich zu Weizen und Roggen schwächer ausgeprägt und erreicht meist nur etwa –15 °C. Nur Bestokkungstriebe, die noch vor dem Winter angelegt wurden, entwickeln sich im nächsten Jahr zu ährentragenden Halmen. Nach der Bestockungsphase wird die Schoßphase durchlaufen, anschließend erfolgen das Ährenschieben und die Blüte. Gerste ist Selbstbefruchter.

Die Ertragsstruktur der Gersten ist durch die Form der unterschiedlichen Ähren bestimmt. Zweizeilige Gersten weisen aufgrund der Einblütigkeit der Ährchen eine Anzahl Körner/Ähre auf, die der Anzahl der Ährchenstufen (ca. 25 bis 30) entspricht. Da die Körner einzeln im Ährchen vorhanden sind, können sie sich voll und kräftig entwickeln; zweizeilige Gersten haben daher große, vollbauchige Körner. Bei vielzeiligen Gersten werden drei Ährchen an der Ansatzstelle gebildet, in jedem Ährchen ist ein Korn. Hieraus ergeben sich für vielzeilige Gersten regelmäßig höhere Kornanzahlen pro Ähre als bei zweizeiligen.

Die Körner sind aber infolge der engen Stellung, die sich aus dem gemeinsamen Ansatz von drei Ährchen ergibt, relativ schwach ausgebildet und zeigen bei den Außenkörnern keine vollbauchige, sondern eine etwas gekrümmte Form. Die Korngewichte sind aufgrund der unterschiedlichen Wachstumsbedingungen an den Ähren nicht einheitlich, sie liegen für 1000 Körner bei etwa 40 bis 55 g.

Hafer (Saathafer)

Avena sativa L. (*Avéna* = röm. Name für Hafer; *satívus* = angepflanzt/angebaut); engl. *oat*, franz. *avoine*, span. *avena*. Einjährige Pflanzen (Sommerform); Familie Gramineae = Poaceae (Gräser); alloploide Genomstruktur (2n = 6x = 42; x = 7). Ernteteil: Früchte („Körner"), bot. Karyopsen (Endospermanteil ca. 80 %). Inhaltsstoffe (entspelztes Korn, Spelzenanteil ca. 25 %): Kohlenhydrate (Stärke) ca. 60 %, Eiweiß ca. 12 %, Fett ca. 7 % (Wasser ca. 13 %).

Hafer ist in systematischer Hinsicht eine komplexe Gattung, sie ähnelt in der Struktur der Weizensystematik. Es gibt eine diploide, tetraploide und hexaploide Reihe (Tabelle).

Die Ährchen sitzen beim Kulturhafer fester an den Rispenachsen als bei den Wildarten. Das Haferkorn ist fest von den Spelzen umschlossen, die Spelzen sind aber nicht mit dem Korn verwachsen. Beim Drusch wird das Korn mit den Spelzen gewonnen. Werden Nahrungsmittel hergestellt, müssen zunächst die Spelzen entfernt werden. Beim Hafer als Futtergetreide können die Spelzen am Korn bleiben. Neben bespelzten Haferarten gibt es auch „freidreschende".

Hafer ist eine sekundäre Kulturpflanze, d. h., zunächst traten Haferpflanzen als Begleitgräser in Gersten- und Weizenbeständen auf. Es dürfte aber auch eine originäre Entwicklung vorliegen, die insbesondere im europäischen Raum (zunächst an den atlantischen Küsten) stattgefunden hat. Hier sind unter Berücksichtigung unterschiedlicher Haferarten im systematischen Anbau Haferpflanzenbestände Grundlage der Getreideerzeugung gewesen.

Haferbestand

Systematik des Hafers (*Avena spp.*); in ( ) Genomstruktur (Auswahl)

A. brevis Roth (Kurzhafer)	(2 x = 14)
A. sativa L. (Saathafer)	(6 x = 42)
A. nuda L. emend. Mansf. (Sandhafer)	(6 x = 42)
A. fatua L. (Flughafer)	(6 x = 42)
A. sterilis L. (Taubhafer)	(6 x = 42)

Von den diploiden Haferarten ist der Sandhafer *(Avena nuda)* von Interesse, da diese Art früher in Europa weit verbreitet war. Heute dürften nur noch vereinzelt Sandhaferbestände zu finden sein. Sandhafer kann als Unkraut in Getreidefeldern auftreten. Auch bei der Haferart *Avena brevis* finden sich Verbreitungsareale in nord- und westeuropäischen Gebieten (einschließlich der Azoren, Kanarischen Inseln und Madeira), wo sie bestandesbildend gewesen ist.

Heute werden überwiegend hexaploide Haferarten genutzt. Besonderes Interesse verdient der Flughafer *(Avena fatua)*, ein weit verbreitetes Ungras, insbesondere in Getreidebeständen der gemäßigten bis kühl-gemäßigten Klimazone. Entsprechendes gilt auch für die Art *Avena sterilis*, die in Mittel- und Westeuropa, dem mediterranen Gebiet sowie Westafrika (einschließlich Äthiopien) verbreitet ist.

Hafer, Ertragsstruktur

Hafer steht systematisch als Angehöriger der Tribus Aveneae den anderen Getreidearten relativ fern. Der Fruchtstand ist eine Rispe. Die Haferkörner sind fest von Spelzen umschlossen und lassen sich durch den Drusch nicht von ihnen trennen. Nackthafer steht zum Anbau zwar zur Verfügung, die Erträge sind aber niedriger als bei den bespelzten Formen.

Haferpflanzen

Der überwiegende Teil der Halerernte wird verfüttert, wobei die Verwendung in der Pferdefütterung besondere Bedeutung hat. Aus den entspelzten Haferkörnern können Nahrungsmittel wie Haferflocken, Hafergrütze, Hafermehl und ähnliche Erzeugnisse hergestellt werden. Bei der Erzeugung von Lebensmitteln aus Hafer entstehen als Nebenprodukte Haferschälkleie und Haferfuttermehl. Die Ausbeute bei der industriellen Verarbeitung beträgt etwa 50 bis 60%.

Der ernährungsphysiologische und diätetische Wert ist bei Hafer günstig zu beurteilen, da eine relativ hohe biologische Eiweißwertigkeit sowie hohe Gehalte an ungesättigten Fettsäuren und Schleimstoffen (Glukane) vorliegen.

Hafer wird als Sommerform angebaut. Die Temperaturminima der Keimung liegen bei ca. 4 °C. Nach dem Auflaufen bestocken sich die Pflanzen, es folgt die Schoßphase und schließlich das Rispenschieben. Der Fruchtstand, eine Rispe, ist aus Rispenästen aufgebaut, an denen die Ährchen endständig angelegt sind. Die Ährchen sind mehrblütig. Regelmäßig sind zwei Blüten fertil und bilden je ein Korn aus. Gelegentlich findet sich noch ein drittes Korn, es ist nur schwach entwickelt. Das Gewicht der Körner ist in Abhängigkeit von ihrer Position im Ährchen unterschiedlich, 1000 Körner wiegen ca. 30 bis 40 g. Vor Mitte August wird in unseren Breiten Hafer selten reif. In ungünstigen Lagen auch erst Anfang September. Die Hafernte beschließt die Getreideernte.

Mais

Zea mays L. (*Zéa* = griech. *ζειαί*, im Altertum griech. Bezeichnung für ein Getreide bzw. Futtergetreide; *mays* = indianischer Name für Mais); engl. *maize*, franz. *mais*, span. *maiz*. Einjährige Pflanzen; Familie Gramineae = Poaceae (Gräser); diploide Genomstruktur (2n = 2x = 20). Ernteteil: Früchte („Körner"), bot. Karyopsen (Endospermanteil ca. 70 %) als Futterpflanze vielfach Ganzpflanzenernte vor der Reife. Inhaltsstoffe: Kohlenhydrate (Stärke) ca. 65 %, Eiweiß ca. 8,5 %, Fett ca. 3,8 % (Wasser ca. 12 %).

Mais ist zusammen mit *Sorghum*-Hirse (Mohrenhirse) und Zuckerrohr in der Unterfamilie der Panicoideae innerhalb der Gräser (Gramineae) eingeordnet. Traditionell wird der Kulturmais in „Konvarietäten" aufgegliedert (Tabelle). Die Einteilung in Konvarietäten bezieht sich auf Unterschiede in Kornform und Kornstruktur, wobei insbesondere die unterschiedlich dichte Lagerung der Stärkekörner im Endosperm eine Rolle spielt. Hartmais weist eine sehr dicht gelagerte Stärke und damit eine glasige Struktur auf. Beim Zahnmais ist dagegen im oberen Teil des Endosperms die Stärke locker gelagert; mit der Reife und der damit verbundenen Wasserabgabe sinkt dieser Teil des Endosperms ein. Der Weichmais hat in allen Teilen des Endosperms eine lockere Lagerung der Stärkekörner. Besonders dicht liegt beim Puffmais die Stärke im Endosperm.

Hartmais (convar. *vulgaris*) hat bei der Verbreitung von Mais aufgrund seiner hohen ökologischen Anpassungsfähigkeit

Systematik des Mais (*Zea mays*)
Konvarietäten

vulgaris	Hartmais
dentiformis	Pferdezahnmais
amylacea	Weichmais
ceratina	Wachsmais
microsperma	Puffmais
saccharata	Zuckermais
aorista	Zwischenform Zahn-, Hartmais
amyleasaccharata	Zwischenform Weich-, Zuckermais

Maisbestand

eine besondere Rolle gespielt. Im Maisanbau europäischer Gebiete wurde zunächst ausschließlich Hartmais genutzt.

Die heute bedeutendste Maiskonvarietät ist *dentiformis*, die nach der Kornform als Zahnmais (Pferdezahnmais) bezeichnet wird. Hierbei handelt es sich um einen Maistyp, der an warme Standorte angepaßt und unter diesen Bedingungen sehr ertragsstark ist. Die Konvarietät *dentiformis* ist in der modernen Hybridzüchtung bei Mais zum bestimmenden Typ der angebauten Maiskultivare geworden. Stärkemais (convar. *amylacea*) stellt eine ursprüngliche Maisform dar und wird insbesondere in tropischen Gebieten – und hier auch in Gebirgslagen – genutzt. Puffmais (convar. *microsperma*) findet sich in Amerika und Europa im Anbau. Es handelt sich um kleine, glasige Körner, die beim Erhitzen aufgehen und eine starke Volumenvergrößerung erfahren (um etwa das Zehn- bis Zwanzigfache). Schließlich sind als Konvarietäten noch Zuckermais *(saccharata)* und Wachsmais *(ceratina)* zu nennen. Zuckermais wird als Gemüse genutzt, die Kolben werden unreif gegessen. Häufig wird dieser Maistyp in der Konservenindustrie verarbeitet. Die Körner haben einen hohen Anteil an löslichen Dextrinen und schmecken daher süßlich.

Die Herkunftsgebiete für Mais liegen in Südbrasilien, Nordostbolivien und Paraguay. Vor der Entdeckung Amerikas und der dann einsetzenden Verbreitung von Mais war diese Getreideart Grundlage der Nahrungserzeugung in indianischen Kulturen. Es handelt sich um eine Kulturpflanze, die mit dem Kolben als Fruchtstand außerhalb der durch den Menschen kontrollierten Produktion nicht vermehrungs- und fortpflanzungsfähig ist. Sie kann daher als eine „absolute“ Kulturpflanze bezeichnet werden.

Kolben von Zahnmais und Hartmais

Mais ist im Anbau weit verbreitet und überschreitet die tropischen und subtropischen Gebiete, die seiner eigentlichen ökologischen Adaption entsprechen. Begrenzend für die Leistungsfähigkeit ist der Temperaturfaktor.

Die Grundlage seiner hohen Adaptionsfähigkeit ist in der erheblichen Variationsbreite der Vegetationsdauer von Maiskultivaren zu sehen. Mit den heute zur Verfügung stehenden Kultivaren, die z.T. eine extrem kurze Vegetationsdauer haben, kann der Mais auch noch bis in hohe Breiten angebaut werden (z.B. Südschweden).

Grundlage des heutigen Maisanbaus sind Hybridzüchtungen, bei denen der Heterosis-Effekt genutzt wird. Hierbei handelt es sich um Kreuzungen von Inzuchtlinien, die ein Saatgut ergeben, das besonders hohe Ertragsleistungen aufweist. Dieses Saatgut muß jeweils über die Kreuzung der hierfür geeigneten Inzuchtlinien zum Anbau erzeugt werden.

Mais wird unter günstigen Anbaubedingungen (warmes Klima) grundsätzlich als Körnerfrucht genutzt. In den entwickelten Industriestaaten dient die Produktion ausschließlich als Viehfutter, vielfach gewonnen als „Silomaisernte“, d.h. Ganzpflanzenernte vor der Reife und Konservierung

Körner von Zahnmais und Hartmais

durch Einsäuerung. Die Körner können aber auch für die menschliche Ernährung verwendet werden. Maismehl ist nicht backfähig, dagegen kann es für Suppen, Klöße, Grieß und Fladen-„Gebäck" genutzt werden.

Mais wird vielfach technisch weiterverarbeitet, um Maisstärke und Maiseiweiß (Zein) zu gewinnen. Da der Embryo einen verhältnismäßig großen Anteil am Korn ausmacht (in einigen Sorten über 10%), können die im Embryo enthaltenen Fettmengen zur Ölproduktion (Maiskeimöl) genutzt werden. Maisstärke wird aus Maiskörnern gewonnen, indem diese in Wasser eingequollen, gebrochen und nach Abtrennen der Keime gemahlen werden (Naßmüllerei). Der Brei wird ausgewaschen und damit von Zellulose etc. gereinigt, durch Zentrifugieren werden Maisstärke und Maiseiweiß getrennt, die Feuchtstärke wird getrocknet, gesiebt und gemahlen. Das Maiseiweiß Zein besteht überwiegend aus Prolamin und ist arm an Lysin und Tryptophan; es wird in der Nahrungsindustrie verwendet.

Die Eiweißqualität ist bei Mais aufgrund eines geringen Anteils an essentiellen Aminosäuren ernährungsphysiologisch ungünstig. Maiseiweiß kann mit Gewürzauszügen vermischt und dann als Speisegewürz verwendet werden. Maiskörner und Cornflakes stellen ebenfalls Verarbeitungsprodukte aus Mais dar. Zuckermais wird in der Milchreife geerntet und dann frisch als Gemüse verwendet oder in Dosen konserviert.

Mais wird im Frühjahr bestellt. Die Minimaltemperaturen der Keimung liegen bei ca. 8 bis 10 °C. Die Pflanzen wachsen erst bei Temperaturen oberhalb von 12 bis 15 °C. Der optimale Bereich für das Wachstum und die Entwicklung der Pflanzen beginnt etwa bei 25 °C und reicht bis 35 °C.

Maispflanze mit Kolben

Aus diesen Temperaturansprüchen ergibt sich für den Maisanbau ein Anbauzeitraum, der ausschließlich in der warmen Jahreszeit liegt. Innerhalb der europäischen Anbaugebiete findet sich Mais überwiegend in Regionen mit warmem Klima.

Nach dem Auflaufen verbleibt die Maispflanze in einer Übergangsphase, in der – ähnlich wie bei anderen Getreidearten – zunächst noch kein Längenwachstum der Sproßachse erfolgt; es kommt vielmehr zu einer vorbereitenden Entwicklung von Blättern und Blütenstand (Primordialstadium).

Bei den Maiskultivaren wird nur eine Sproßachse gebildet. Endständig an der Sproßachse entwickelt sich die Rispe mit den männlichen Blüten. Die weiblichen Blüten entstehen an gestauchten Nebenachsen der Hauptsproßachse jeweils an den Ansatzstellen der Blätter, der Blütenstand ist ein Kolben, der von Lieschblättern umgeben ist. Zur Blüte werden lange Narbenfäden gebildet, die als „Seide“ am oberen Ende des Kolbens aus den Lieschblättern hervortreten.

Mais ist ein Fremdbefruchter. Es liegt Protandrie vor, d. h., zunächst werden an der Pflanze die Pollen reif und aus den Rispen entlassen, erst dann tritt die Seide aus den Kolbenanlagen hervor. Zwar werden in mehreren Blattachseln Kolben angelegt, unter den üblichen Anbaubedingungen mit einer relativ hohen Anzahl von Pflanzen pro Flächeneinheit wird aber regelmäßig nur ein Kolben ausgebildet, regelmäßig der oberste Kolben an der Sproßachse.

Die darunterliegenden Kolbenanlagen entwickeln sich nicht. Bei Randpflanzen, die aufgrund ihrer günstigen Stellung im Bestand bevorzugt sind, findet sich gelegentlich auch noch ein zweiter voll ausgebildeter und erntbarer Kolben. Die Kolben tragen sortenspezifisch etwa acht bis 18 Kornreihen mit 25 bis 50 Körnern. Das Gewicht von 1000 Körnern liegt zwischen 200 und 600 g.

Mohrenhirse (Sorghum-Hirse)

Sorghum bicolor (L.) Moench (*Sórghum* = ital. *sorgo* Mohrenhirse oder *sorghum* = indischer Name einer Hirseart; *bícolor* = zweifarbig); engl. *sorghum*, franz. *sorgho*, ital. *sorgo*, span. *sorgo*. Einjährige Pflanzen; Familie Gramineae = Poaceae (Gräser); diploide Genomstruktur (2n = 2x = 20). Ernteteil: Früchte („Körner“), bot. Karyopsen (Endospermanteil ca. 84%). Inhaltsstoffe: Kohlenhydrate (Stärke) ca. 56%, Eiweiß ca. 11%, Fett ca. 3% (Wasser ca. 11%).

Die *Sorghum*-Hirse steht in der botanischen Systematik in relativ enger verwandtschaftlicher Beziehung zum Mais. Die systematische Gliederung der Gattung *Sorghum* ist komplex. Es gibt zahlreiche *Sorghum*-Arten mit einer mehr oder weniger intensiven Nutzung. Die Heimat der *Sorghum*-Hirsen ist wahrscheinlich Äquatorialafrika. Die Verbreitung erreichte bereits frühzeitig Indien und den Mittelmeerraum.

Sorghum-Hirse ist eine der wichtigsten Getreidearten im tropischen und z. T. auch im subtropischen Bereich. Innerhalb Europas beginnt sie, den Maisanbau in den warmen und insbesondere trockenen Gebieten abzulösen.

In der Bundesrepbulik wird *Sorghum* für die Körnererzeugung z. Z. nicht angebaut. Die wirtschaftliche Bedeutung von *Sorghum* hat in den beiden letzten Jahrzehnten stark zugenommen, nicht zuletzt aufgrund der Züchtung und des Anbaus ertragreicher Hybridsorten.

Die Fruchtstände sind Rispen und endständig an den Halmen angelegt. Sie enthalten Ährchen mit zwei Blüten, von denen sich allerdings nur eine zu einer fertigen, zwittrigen Blütenanlage entwickelt. Selbstbefruchtung überwiegt. Die Spelzen können unterschiedlich gefärbt sein; die Färbung kann von gelbbraun über rot bis zu einem „schwärzlichen“ Rot variieren. Die Spelzen sind fest. Die Samen sind runde Körner und haben eine dicke Fruchtschale, so daß sie vor der Verwendung geschält werden müssen.

Sorghum-Hirsebestand

Die Körner werden für die menschliche Ernährung verwendet, aber auch als Futter. *Sorghum*-Mehl ist nicht backfähig. In einigen Gebieten des Anbaus in den Tropen dient *Sorghum* auch zur Biererzeugung. Die ganze Pflanze kann als Grünfutter genutzt werden. *Sorghum* ist auch als Frischweide geeignet. Die Grünmasse kann siliert und damit als Futtervorrat verwendet werden. Die Zusammensetzung der Stärke (Amylose und Amylopektin) kann bei *Sorghum* sortenabhänig sehr variabel sein; von einem Überwiegen der Amylosefraktion bis zu einer nahezu ausschließlichen Bildung von Amylopektin sind alle Übergänge vorhanden.

Die Körner werden entspelzt und geschält, wobei die harten Fruchtschalen des Korns entfernt werden. Hirsekörner quellen stark auf. Aus dem Mehl können Breigerichte und Fladenbrote hergestellt werden, gesäuert und auch ungesäuert. Die technische Verwertung von *Sorghum*-Körnern ist vielseitig: Es können Stärke, Dextrose, Dextrin, Alkohol, Öl (aus den Keimen) und Wachs gewonnen werden.

Ernährungsphysiologisch sind die Kornprodukte der *Sorghum*-Hirse günstig zu beurteilen, da essentielle Aminosäuren im Aminosäurespektrum der Eiweißfraktionen mit hohen Anteilen zu finden sind (z. B. Lysin, Methionin, Tryptophan). Werden die vegetativen Teile der Pflanze verfüttert, ist auf das Glucosid Dhurrin zu achten, aus dem durch Hydrolyse Blausäure entsteht. Dies kann die Verwertung der vegetativen Masse als Futter einschränken. Sorten mit niedrigen Gehalten an Dhurrin stehen zur

Sorghum-Hirse in der Blüte

Die Temperaturminima der Keimung liegen bei *Sorghum*-Hirse um 8 bis 10 °C. Optimale Temperaturen für das Wachstum beginnen etwa bei 25 °C und finden eine obere Grenze bei 35 bis 40 °C. Auffällig ist die ausgeprägte Dürreresistenz bei *Sorghum*-Hirsen; bei Wassermangel wird das Wachstum unterbrochen, ohne daß die Pflanzen in ihrer Vitalität geschädigt werden. Steht Wasser zur Verfügung, nehmen die Pflanzen ihr Wachstum wieder auf.

Verfügung. Mit der Heubereitung oder Silage werden schädliche Wirkungen des Dhurrins vermieden. Die vegetativen Teile der reifen *Sorghum*-Pflanzen, insbesondere die zähen und kräftigen Halme, lassen sich technisch verwerten - sie eignen sich zum Abdecken von Dächern oder zum Herstellen von Besen. In afrikanischen Gebieten wird das Stroh von *Sorghum* häufig als Brennmaterial verwendet.

Sorghum-Hirse, Etragsstruktur

Rispenhirse (Echte Hirse)

Panicum miliaceum L. (*Pánicum* = röm. Name für Hirse; *miliáceus* = hirseartig); engl. *true millet*, franz. *millet commun*, span. *mijo commún*. Einjährige Pflanzen; Familie Gramineae = Poaceae (Gräser); uneinheitliche Genomstruktur, überwiegend tetraploid (2n = 4x = 36; x = 9). Ernteteil: Früchte („Körner"), bot. Karyopsen (Endospermanteil ca. 80%). Inhaltsstoffe (entspelztes und geschältes Korn, Spelzenanteil ca. 23%): Kohlenhydrate (Stärke) ca. 60%, Eiweiß ca. 10%, Fett ca. 4% (Wasser ca. 12%).

Diese Hirseart war früher in Asien, Afrika und Europa weit verbreitet. Auch in Deutschland stellte die Rispenhirse bis in das Mittelalter einen nicht unwesentlichen Teil der Getreideproduktion. Bevorzugt waren allerdings überwiegend Gebiete mit einem warm-gemäßigten Klima (Süddeutschland). Dagegen wird heute Rispenhirse in Deutschland nicht mehr angebaut. Der Hirseanbau wurde in Europa wahrscheinlich als Folge der Nutzungsintensivierung aufgegeben; mit der Pflugkultur war eine tiefgreifende Bodenbearbeitung möglich, die den Anbau ertragreicher Getreidearten wie Weizen, Gerste und Roggen förderte. Gleichzeitg dürfte als Nahrungsmittel auch Brot gegenüber einer Breinahrung, die aus Hirse hergestellt werden konnte, bevorzugt worden sein.

Die Herkunftsgebiete der Rispenhirse sind nicht eindeutig nachzuweisen; Herkunftsregionen könnten in der Mongolei, China, bzw. Indien liegen.

Zur Verwendung werden die Körner geschält und zu Mehl oder auch Grieß verarbeitet. Das Mehl ist nicht backfähig, ein nur schwach aufgehendes Fladenbrot kann hergestellt werden. Meist wird Hirse als Brei gegessen. In einigen Anbaugebieten der Tropen und Subtropen werden die Körner zur Bierherstellung genutzt. Bei einer technischen Verarbeitung lassen sich Stärke, Traubenzucker, Öl und Alkohol gewinnen. Neuzüchtungen weisen z. T. recht hohe Eiweißgehalte (bis 18%) und Fettgehalte (bis 5%) auf. Ernährungsphysiologisch ist das Eiweiß wertvoll; die essentiellen Aminosäuren Methionin und Tryptophan liegen mit hohen Anteilen (2 bis 2,5%) vor.

Rispenhirse ist eine einjährige Pflanze. Die Aussaat im Frühjahr muß den Temperaturminima der Keimung um etwa 10 °C Rechnung tragen. Die Pflanze ähnelt dem

Rispenhirsepflanzen

Mais. Die Rispen werden an den Sproßachsen endständig angelegt. Sie enthalten zweiblütige Ährchen, von denen eine als fertile Blüte ausgebildet wird. Die Blüte ist zwittrig. Es findet sich neben Selbstbefruchtung auch ein wechselnder Anteil von Fremdbefruchtung. Die Körner sind verhältnismäßig klein, 1000 Körner (mit Spelzen) wiegen etwa 5 bis 7 g. Die Deckspelzen umschließen die Karyopse fest (Spelzfrucht).

Die Rispenhirse ist relativ unempfindlich gegen kühle Temperaturen. Sie eignet sich auch zum Anbau in trockenen Gebieten. Die Vegeationsdauer ist kurz. Es stehen Sorten zur Verfügung, die aufgrund einer sehr kurzen Vegetationsdauer auch in höheren Breiten angebaut werden können.

Borstenhirse (Kolbenhirse)

Setaria italica (L.) P. Beauv. (*Setária* = Borstenhirse; *sétar* = Borste; *itálicus* = aus Italien stammend); engl. *foxtail millet*, franz. *millet d'italie*, span. *mijo menor*. Einjährige Pflanzen; Fam. Gramineae = Poaceae (Gräser); diploide Genomstruktur (2n = 2x = 18). Ernteteil: Früchte („Körner"), bot. Karyopsen (Endospermanteil ca. 80 %). Inhaltsstoffe (entspelztes und geschältes Korn, Spelzenanteil ca. 20 %): Kohlenhydrate (Stärke) ca. 63 %, Eiweiß ca. 12 %, Fett ca. 4 % (Wasser ca. 10 %).

Borstenhirsepflanzen

Der Anbau der Borstenhirse beschränkt sich heute auf südeuropäische Gebiete; ferner wird diese Kulturpflanze in Asien und Afrika mit zahlreichen Sorten und Varietäten genutzt. Sofern diese Hirse in Mitteleuropa und Deutschland angebaut wird, dient sie in erster Linie der Erzeugung von Grünfutter. Aufgrund der kurzen Vegetationsdauer kann die Borstenhirse noch nach einer Hauptfrucht im Spätsommer als Futterpflanze angebaut und genutzt werden. Ein typisches Herkunftsgebiet ist nicht bekannt.

Die Körner sind für die Nahrungszubereitung zu enthülsen. Aus dem nicht backfähigen Mehl kann Brei gekocht oder auch ein Fladenbrot gebacken werden. Die Körner lassen sich für die Biererzeugung vergären.

Der Pflanzenzüchtung ist es gelungen, Sorten mit einem Eiweißgehalt bis zu 17 % zu entwickeln; dann ist auch Kleber vorhanden, so daß ein backfähiges Mehl gewonnen werden kann. In der Zusammensetzung der Stärke wurden Kultivare gezüchtet, bei denen bis zu 100% der Stärke als Amylopektin gebildet werden.

Es handelt sich um eine Pflanze, die sich meist stark bestockt. Warmes Klima ist für den Anbau Voraussetzung. Der Fruchtstand ist endständig, er stellt eine kolbenartige Scheinähre dar, (eine gestauchte und zusammengezogene Rispe), die aus kurzen Seitenästen mit gestielten, in der Anlage zweiblütigen Ährchen aufgebaut ist. Nur eine Blüte ist fertil, die zweite wird stark reduziert. Aus unfruchtbaren Seitenästen des Fruchtstandes entwickeln sich Borsten. Selbstbefruchtung überwiegt. Die Körner sind Karyopsen in geschlossenen Spelzen (Spelzfrucht). 1000 Körner wiegen zwischen 2 bis 4 g, es handelt sich also um recht kleine Körner. Die Vegetationsdauer ist mit 70 bis 90 Tagen sehr kurz.

Reis

Oryza sativa L. (*Orýza*, wahrscheinlich von arab. *uruz* = Reis; *satívus* = angepflanzt/angebaut); engl. *rice*, franz. *riz*, span. *arroz*. Einjährige Pflanzen; Familie Gramineae = Poaceae (Gräser); diploide Genomstruktur ($2n = 2x = 24$; $x = 12$). Ernteteil: Früchte („Körner"), bot. Karyopsen (Endospermanteil ca. 75%).

Inhaltsstoffe (unpolierte Körner): Kohlenhydrate (Stärke) ca. 73%, Eiweiß ca. 7,2%, Fett ca. 2% (Wasser ca. 13%); Inhaltsstoffe (polierte Körner): Kohlenhydrate

Reisbestand

(Stärke) ca. 78%, Eiweiß ca. 6,8%, Fett ca. 0,6% (Wasser ca. 13%).

Reis ist nach Weizen und mit Mais in der Produktionsmenge die zweitwichtigste Getreideart. Der überwiegende Teil der Reisproduktion (ca. 90%) wird in Asien innerhalb der tropischen Klimazone erzeugt. Reis kann in diesen Gebieten bis auf Höhen über 2000 m angebaut werden. Reisanbau ist nahezu ausschließlich „Naßreis" (mehr als 80%); die Anbauflächen stehen unter künstlicher Bewässerung oder natürlichem Wasserüberstau. Daneben wird auf kleinen Flächen ein Trockenfeldanbau mit Reis betrieben. Eine spezifische Form der Produktion, bei der ca. sechs Wochen nach dem Auflaufen die Flächen mit Wasser (bis zu einer Höhe von 2 bis 5 m) überstaut werden, ist als „Treibreis" bekannt. In Europa wird Reis in Südfrankreich und Norditalien (Po-Delta) als „Naßreis" angebaut.

Reis ist eine einjährige Pflanze, deren Vegetationsdauer zwischen dreieinhalb und acht Monaten liegt. Es handelt sich um eine Kurztagpflanze – tagneutrale Sorten stehen zur Verfügung –, bei der die generative Phase durch abnehmende Tageslänge gefördert wird. Es gibt zahlreiche Reissorten und -typen, die sich in Korngröße und -form unterscheiden sowie unterschiedliche Geschmackseigenschaften und Kochqualität aufweisen. Der Fruchtstand ist an der Sproßachse als verzweigte Rispe endständig angelegt. Die Ährchen enthalten eine Blüte, 50 bis 200 fertile Blüten können in der Rispe gebildet werden. Reis ist Selbstbefruchter. Die Spelzen, Deck- und Vorspelze, umschließen das Korn fest und lösen sich nicht beim Drusch.

Bei der Ernte wird zunächst der Rohreis (mit Spelzen) gewonnen. In der Mühle werden im ersten Behandlungsgang die Spel-

Reispflanzen

Reis, Ertragsstruktur

zen entfernt. Der dann verbleibende Samen weist noch die Samenschale (Silberhäutchen) auf; in diesem Zustand wird der Reis in den Verkehr gebracht (Cargoreis). Erst vor dem Verbrauch werden die Samenschalen durch Schleifen entfernt, wobei gleichzeitig auch der Keim vom Endosperm separiert wird, es entsteht Weißreis. Anschließend wird das Korn poliert und kommt in den Handel. Der polierte Reis weist etwa 70% der Ausgangskornmasse auf, daneben fallen der Reisschliff (2%), die Reiskleie (8,5%) und die Spelzen (20%) an. Reisschliff und Reiskleie sind ein wertvolles Futter mit bis zu 15% Eiweiß und Fett. Der Eiweißgehalt der polierten Körner beträgt etwa 7%; der Gehalt an der essentiellen Aminosäure Lysin ist hoch (bis zu 4% des Eiweißes).

Man unterscheidet Langkornreis (Patnareis) mit Körnern von mehr als 6,2 mm und Rundkornreis („Milchreis") mit Körnern von 5 bis 5,2 mm. Der Langkornreis hat einen hohen Klebergehalt und ist daher glasig, nach dem Kochen zeigt er sich körnig und locker. Der Rundkornreis enthält wenig Kleber, nach dem Kochen sind die Körner daher weich. Die Qualität einer Reispartie wird nach dem Anteil zerbrochener Körner beurteilt (5% Bruchanteil bedeutet sehr gute Qualität, mehr als 25% Bruchanteil mindere Qualität). Das Reismehl ist nicht zum Backen geeignet. Man kann auch eine sehr feinkörnige Reisstärke gewinnen. Als Produkt mit hohem Kohlenhydratgehalt kann Reis für die Zubereitung von alkoholischen Getränken vergoren werden.

Buchweizen

Fagopyrum esculentum Moench (*Fagopyrum* = *fágus* Buche, griech. *pýros* (*πυρός*), Weizen; *esculéntus* = eßbar); engl. *buckwheat*, franz. *sarrasin*, span. *alforfón*. Einjährige Pflanzen; Familie Polygonaceae (Knöterichgewächse); diploide Genomstruktur (2n = 2x = 16). Ernteteil: Früchte, bot. Nüsse. Inhaltsstoffe (geschältes Korn, Kornausbeute ca. 60%): Kohlenhydrate (Stärke ca. 71%, Eiweiß ca. 9%, Fett ca. 1,7% (Wasser ca. 13%).

Neben dem Buchweizen gibt es als eigenständige Art noch den Tatarischen Buchweizen *(Fagopyrum tataricum)*, der autotetraploid ist. Diese Buchweizenart ist bezüglich der Standortbedingungen besonders anspruchslos. Buchweizen stammt aus Mittelasien und wurde von dort (auch)

Buchweizenbestand

nach Europa verbreitet. Er war in Europa bereits im 13. Jahrhundert bekannt, wurde hier früher verbreitet angebaut und – wie der Name andeutet – als Körner-Getreidefrucht betrachtet. Insbesondere auf leichten und armen Böden eignet sich Buchweizen zum Anbau.

Die verhältnismäßig kleinen Körner ähneln Bucheckern und haben der Frucht den Namen gegeben. Mit dem stetigen Ansteigen der Getreideerträge ging die Bedeutung des Buchweizens zurück. In der Körnererzeugung lassen sich mit Buchweizen ca. 10 bis 15 dt pro ha erreichen.

In Deutschland war noch zu Beginn des 20. Jahrhunderts Buchweizen auf leichten Standorten weit verbreitet. Heute wird diese Kulturpflanze im südeuropäischen Raum angebaut, insbesondere in den Balkanstaaten sowie in Südösterreich. Zur Zeit führt die Bundesrepublik Deutschland jährlich annähernd 2000 t Buchweizenkörner ein. Außereuropäische Anbaugebiete finden sich in Asien (z. B. UdSSR, China, Japan). Auch in Kanada und in den USA wird Buchweizen angebaut.

Da er eine kurze Wachstumsdauer aufweist, kann Buchweizen als Pflanze des gemäßigt-warmen Klimas auch in höheren Breiten angebaut werden. Die Hauptwachstumsphase liegt in den Sommermonaten. Witterungsverläufe mit warmen Herbstmonaten gestatten den Anbau von Buchweizen noch nach Getreide, wobei vielfach Grünfutter erzeugt wird. Die rasche Entwicklung erlaubt auch die Verwendung dieser Pflanze als Zwischenfruchtfutter in Stoppelansaat. Die Vegetationsdauer beträgt dann zwei bis drei Monate.

Buchweizen ist an sommerwarme Gebiete (kontinentales Klima) angepaßt; in einer kurzen Vegetationsdauer (drei bis vier Mo-

Buchweizen, blühend

Buchweizenfrüchte

nate) reifen die Früchte aus. Die Pflanzen sind kälteempfindlich und werden bereits durch Temperaturen unterhalb von ca. 3 °C geschädigt. Buchweizen kann daher erst Ende Mai bis Anfang Juni ausgesät werden. Die Ansprüche an den Boden sind gering, Heideflächen sowie vertorfte und moorige Böden können durch Buchweizenanbau genutzt werden.

Die einjährigen Pflanzen sind raschwüchsig, verzweigen sich stark und erreichen Höhen zwischen 50 und 80 cm. An den Enden der Sproßachsen sowie in den Blattachseln bilden sich traubige Blütenstände. Buchweizen ist eine gute Bienenweide. Die Blüten duften stark, am Grunde der weißlich bis rosa gefärbten Blüte sind Honigdrüsen. Die Blühdauer beträgt bis zu 45 Tage. Buchweizen ist Fremdbefruchter. Die Früchte sind etwa 4 bis 6 mm lange und 3 bis 4 mm breite Nüsse. 1000 Körner wiegen etwa 25 bis 30 g.

Bei der Verarbeitung in speziellen Mühlen werden die Buchweizenkörner geschält: Die Fruchtschale und ein Teil des Samens werden entfernt. Die Ausbeute beträgt ca. 60 %. Der Samenkern ist grünlichbraun gefärbt und kann zu Buchweizengrütze, Buchweizenmehl und auch Buchweizenflocken verarbeitet werden. Das Eiweiß hat eine hohe biologische Wertigkeit (bis 6 % Lysin). Die Samen enthalten bis zu 5 % Rutin (Vitamin P, ein Flavonglukosid). Die Inhaltsstoffe weisen den Getreidearten vergleichbare Anteile für Kohlenhydrate, Eiweiß und Fett auf. Auch das Buchweizenkraut enthält erhebliche Mengen an Rutin (1 bis 4 % in der Trockenmasse). Ferner findet sich Fagopyrin in der Pflanze. Durch diese Substanz kann eine lichtabhängige Sensibilisierung der Haut (Fagopyrismus) ausgelöst werden, deshalb darf die Grünmasse nur in begrenzten Mengen an Tiere verfüttert werden.

Öl- und Faserpflanzen

Die amtliche Statistik führt Öl- und Faserpflanzen als „Handelsgewächse". In der gemäßigten Klimazone sind diese Pflanzenarten ausschließlich zweikeimblättrige (dikotyle) Pflanzen. Das Öl ist Reservesubstanz in den Samen, Fasern sind Strukturbestandteile der Sproßachsen.

Gelegentlich findet sich die Ölerzeugung als Nebennutzung; die in den Samen oder Früchten vorhandenen Fette begründen dann nicht den Anbau dieser Arten, sondern können zusätzlich gewonnen werden, wie es z. B. für Tabaksamen, Weinrebenkerne und Keimöle gilt (Maiskeimöl, Weizenkeimöl etc.).

Als wirtschaftlich bedeutende Ölfrüchte werden in der gemäßigten Klimazone überwiegend Angehörige der Familie der Kreuzblütler (Brassicaceae = Cruciferae) sowie die Sonnenblume angebaut. Lein, Mohn, und mit kleinen Flächenanteilen auch Rizinus sowie Saflor sind eine Ergänzung im Ölpflanzenanbau. In den kühlgemäßigten Gebieten Europas wird insbesondere Raps genutzt, die Sonnenblume benötigt etwas wärmere Standorte. Mohn, Lein, Ölkürbis, Rizinus und Saflor haben im europäischen Raum nur geringe Anbauflächen.

Bei den Fetten, die mit ölerzeugenden Pflanzen gewonnen werden, handelt es sich um Neutralfette (Ester des dreiwertigen Alkohols Glycerin mit Fettsäuren). Man unterscheidet die Fette nach ihren Fettsäuremustern, wobei die Kettenlänge (Anzahl der C-Atome) und der Sättigungsgrad charakteristische Eigenschaften sind. Ungesättigte Fettsäuren weisen Doppelbindungen auf; diese können durch Anlagerung von H-Atomen (Hydrierung) „gesättigt" werden (Tabelle). Neben dem durch die Pflanzenart vorgegebenen Fettsäuremuster sind auch Umwelteinflüsse zu berücksichtigen. Insbesondere die Temperatur pflegt sich auf das Fettsäuremuster auszuwirken, wobei für niedrige Wachstumstemperaturen regelmäßig eine Zunahme ungesättigter und langkettiger Fettsäuren charakteristisch ist, während bei hohen Temperaturen gesättigte und kurzkettige Fettsäuren gebildet werden.

Die Verwendung von Fetten ist vielseitig. Neben einer Nutzung als Nahrung bzw. als Bestandteil von Nahrungsmitteln ist die technische Verwertung von Bedeutung (Tabelle). Überwiegend werden Schmierfette und Lacke hergestellt. Die gewünschten Eigenschaften der technischen Produkte bestimmen die spezifischen Ansprüche an die Fettsäuremuster. Für die Lackindustrie ist die Fähigkeit der Fette, über einen Trocknungsprozeß zu härten, von Bedeutung. Man unterscheidet daher trocknende, halbtrocknende und nichttrocknende Fette.

Zur Ölgewinnung werden die Samen gemahlen, abgepreßt und extrahiert. Die Rohöle werden raffiniert und gereinigt. Ernährungsphysiologisch werden kurzkettige Fettsäuren sowie ungesättigte Fette bevorzugt. Die Linolsäure – ein Bestandteil zahlreicher pflanzlicher Fette – hat essentiellen Charakter (Vorstufe der Prostaglandine, „Vitamin F").

Beispiele für artspezifische Fettsäuremuster (Angaben in Prozent)

Fettsäure	Kokosnuß Palmkernöl	Kakao	Erdnuß Palmöl Sesam	Sonnenblume Baumwolle Mohn Saflor Kürbis Maiskeime	Raps Rübsen Senf	Soja Lein Weizen- keime
Laurinsäure	50	0	0	0	0	0
Myristinsäure	15	0	1	0	0	0
Palmitinsäure	9	24	8	4	2	6
Stearinsäure	2	35	4	2	1	4
gesättigte Fettsäuren	92	60	20	8	6	12
Ölsäure	7	38	60	15	14	20
Erucasäure	0	0	0	0	45	0
Linolsäure	1	2	20	75	14	20
Linolensäure	0	0	0	0	10	45
ungesättigte Fettsäuren	8	40	80	92	94	88

aus Rehm und Espig: Die Kulturpflanzen der Tropen und Subtropen. 2. Aufl. Verlag Eugen Ulmer, Stuttgart 1984; verändert.

Technische Verarbeitung und Verwendung pflanzlicher Fette

Ausgangsprodukt	Verwendung
Trocknende Öle, Neutralöl-Derivate	Lacke, Farben, Firnis, Linoleum; Seifen
Fettsäuren	Kunststoffe, Metallseifen, Wasch- u. Reinigungsmittel, Seifen, Farben, Harze, Schmiermittel, Kautschuk etc.
Glycerin - Derivate	Kosmetika, Lacke, Kunststoffe, Harze, Zelluloseverarbeitung etc.
Fettalkohole, - Derivate	Wasch- u. Reinigungsmittel, Kosmetika, Mineralöladditive, Papierindustrie etc.
Fettsäure- methylester	Wasch- und Reinigungsmittel, Kosmetika

in Anlehnung an Zoebelein: Stand und Perspektiven der nachwachsenden Rohstoffe. Expertenkolloquium der Bundesregierung 14./15. 10. 86. Bonn 1986.

Raps

Brassica napus L. emend. Metzg. var. **napus** (*Brássica* = röm. Name für Kohl; *nápus* = Rübe); engl. *seed rape*, franz. *colza*, span. *colza*. Einjährige und überjährige Pflanzen (Sommer- und Winterformen); Familie Brassicaceae = Cruciferae (Kreuzblütler); alloploide Genomstruktur (2n = 4x = 38; x = 9 und x = 10). Ernteteil: Samen (Samenmasse überwiegend zwei Keimblätter). Inhaltsstoffe: Fett ca. 40%, Eiweiß ca. 25% (Wasser ca. 9%).

Raps gehört zur Gattung *Brassica*, in der weitere Kulturpflanzen zusammengefaßt sind, wie der ölliefernde Rübsen und Gemüsepflanzen wie Kohl mit zahlreichen Konvarietäten (Rosenkohl, Blattkohl, Grünkohl, Markstammkohl, Kohlrabi, Kopfkohl, Brokkoli, Blumenkohl etc.). Charakteristisch sind auch die Senfarten in der Gattung *Brassica* (Tabelle). Ferner ist als Kulturpflanze Chinakohl zu nennen.

Die Gattung *Brassica* hat sich hinsichtlich der Entwicklung von Ertragsteilen als sehr plastisch erwiesen (siehe Tabelle). Genutzt werden u. a. Samen, die in den Früchten (Schoten) angelegt werden; sie werden meist für die Ölgewinnung genutzt. Ein Sonderfall ist Senf, bei dem die Samen überwiegend als Gewürz verwendet werden. Die Samen werden zermahlen und sind dann Grundlage der Mostrichherstellung.

Die Früchte der Kreuzblütler sind Schoten; diese sind zweiklappig und haben eine „falsche" Scheidewand, an der die Samen sitzen. Charakteristisch sind die Glukosinolate (Senfölglukoside), die als sekundäre

Rapsbestand in Vollblüte

Kulturpflanzen der Gattung *Brassica* (Auswahl)

B. oleracea (n = x = 9)
  convar. *oleracea*
    var. *oleracea*: Wildkohl
    var. *gemmifera*: Rosenkohl
  convar. *acephala*
    var. *viridis*: Blätterkohl
    var. *sabellica*: Grünkohl
    var. *medullosa*: Markstammkohl
    var. *gongylodes*: Kohlrabi
  convar. *capitata*
    var. *cortata*: Rippenkohl
    var. *sabauda*: Wirsing
    var. *capitata*: Kopfkohl
      f. Weißkohl
      f. Rotkohl
  convar. *botrytis*
    var. *italica*: Brokkoli
    var. *botrytis*: Blumenkohl
B. pekinensis: Schantungkohl
B. rapa (n = x = 10)
    var. *silvestris*: Rüben
    var. *rapa*: Stoppelrübe
    var. *chinensis*: Chinakohl
B. napus (n = 2 x = 10 + 9)
    var. *napus*: Raps
    var. *napobrassica*: Kohlrübe
B. nigra (n = x = 8): Schwarzer Senf
B. juncea (n = 2 x = 10 + 8)
  ssp. *juncea*: Sarepta-Senf

aus Geisler (1988)

Pflanzenstoffe bei Brassicaceen vorkommen und geschmacklich wirksam sind. Beim Senf werden die Glukosinolate, die den typischen scharfen Geschmack bedingen, als Gewürzgrundlage genutzt. Glukosinolate, die von Thiohydroxyaminosäure-Estern abzuleiten sind, finden sich in allen Teilen der Pflanze. Der ausgeprägt scharfe Geschmack entsteht nach Zerstörung des

Rapsbestand, heranreifend

Zellverbandes, wobei unter Enzymeinwirkung (Myrosinase) Glukose, Sulfat und Isothiocyanate, die eigentlich geschmackswirksamen Substanzen, entstehen (Zeichnung).

Für die Domestikation von Raps kann keine spezifische Region angegeben werden. Wahrscheinlich sind spontane Kreuzungen zwischen *B. oleracea* und *B. campestris* in Gebieten entstanden, die von beiden Arten besiedelt wurden. Es handelt sich um eine Pflanze des europäischen Gebietes, wobei die Küstenzonen des Atlantiks und des Mittelmeeres als Herkunftsregionen gelten können. Das aus den Samen gewonnene Öl ist vielfach zur Beleuchtung verwendet worden. Daneben ist, insbesondere bei Nahrungsmangel, Rapsöl immer auch als Speiseöl genutzt worden.

Die Samen von Raps enthalten etwa

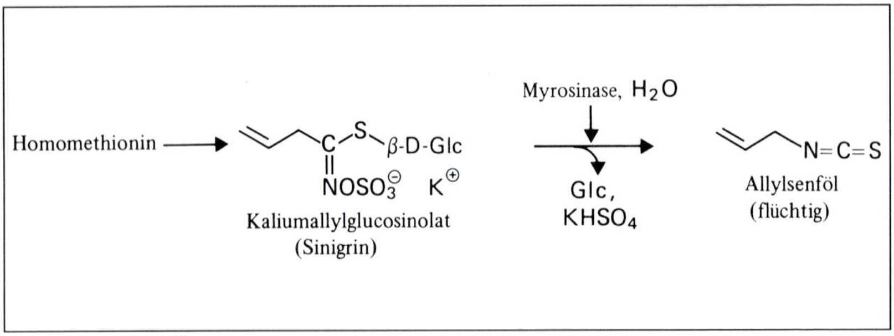

Glukosinolate und Aufspaltung in Isothiozyanate
(am Beispiel des Senfölglykosids Sinigrin; im Meerrettich enthalten).

40 % Rohfett und 20 bis 25 % Rohprotein. Die Hauptbestandteile des Rapsöls sind ungesättigte Fettsäuren, wobei die Ölsäure (bei Erucasäure-freien modernen Sorten) ca. 60 % erreicht, während die Linolsäure mit ca. 20 % und die Linolensäure mit ca. 10 % vertreten sind. Gesättigte Fettsäuren haben einen Anteil von ca. 7 bis 8 %; weitere Fettsäuren sind nur in kleinen Mengen vorhanden. Die ursprüngliche Zusammensetzung der Fettsäuren bei Raps ist durch einen Anteil von mehr als 50 % Erucasäure gekennzeichnet. Dies gilt auch für die Samen anderer Arten der Gattung *Brassica.*

Bei der Margarineherstellung wird über Hydrierung (Anlagerung von H-Atomen) das Öl gesättigt und damit verfestigt. Rapsöl kann auch technisch verwendet werden; dann ist ein hoher Anteil von Erucasäure erwünscht. Da im Samen Glukosinolate enthalten sind, weisen die Rückstände der Ölgewinnung („Rapskuchen") neben dem relativ hohen Eiweißanteil auch diese Verbindungen auf. Der „Rapskuchen" ist wegen des Eiweißgehaltes ein interessantes Kraftfutter, die Glukosinolate schränken aufgrund ihrer Toxizität die Verwendung allerdings ein. Es wurden Neuzüchtungen entwickelt, die nur noch geringe Mengen an Glukosinolaten enthalten. Heute finden sich überwiegend Erucasäure-freie und Glukosinolat-arme Sorten von Raps (sog. 00-Sorten) im Anbau.

Für Raps sind Winter- und Sommerformen bekannt. Überwiegend wird die Winterform angebaut, die eine höhere Ertragsfähigkeit aufweist. Es wird frühzeitig im

Rapspflanze

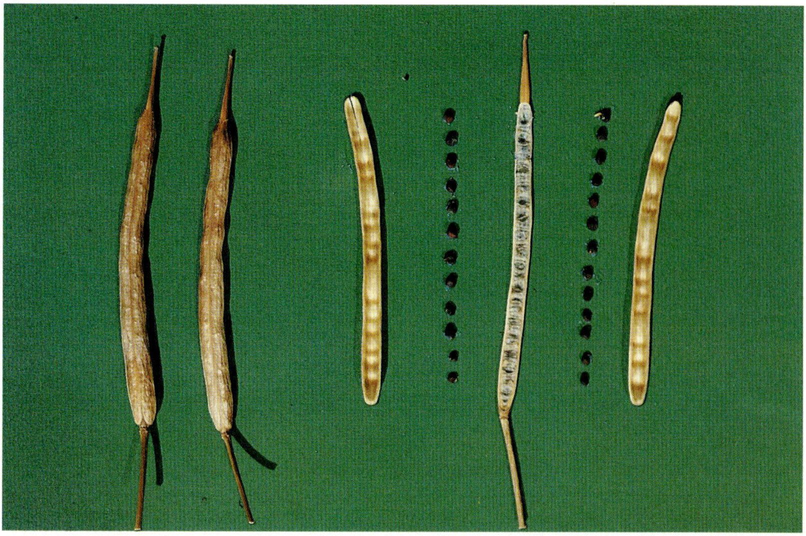

Raps, Ertragsstruktur

Herbst gesät (dritte und vierte Woche im August). Die Pflanzen entwickeln vor Winter das Rosettenstadium und überwintern in diesem Stadium. Die Winterfestigkeit erreicht ca. -15 °C. Bereits vor dem Winter finden sich die ersten Blütenprimordien in den Achselknopsen der Blätter. Nach der Überwinterung und der Vernalisation (30 bis 40 Tage langes Einwirken von Temperaturen im Bereich von -2 bis +5 °C) schoßt die Pflanze; es wird eine kräftige Hauptsproßachse aus der Rosette gebildet. Diese Hauptsproßachse verzweigt sich regelmäßig in Seitensproßachsen erster Ordnung. Bei durchschnittlichen Bestandesdichten kann mit vier bis sieben Seitentrieben (erster Ordnung) gerechnet werden. Die Pflanze weist ein hohes Verzweigungspotential auf, einzelnstehende Pflanzen gliedern sich im Vegetationsablauf bis zu Seitensproßachsen dritter und vierter Ordnung auf. Die Blätter haben eine blaugrüne Färbung. Die Pflanze ist nicht behaart.

An allen Sproßachsen werden in traubiger Anordnung endständig Blüten angelegt. Nur ein kleiner Teil der Blüten entwikkelt nach dem Abblühen Schoten. Die Pflanze ist zwar Fremdbefruchter, es liegen aber keine Inkompatibilitätsmechanismen vor, so daß Selbstbefruchtung möglich ist und regelmäßig einen gewissen Anteil der Befruchtung bestimmt. Die Blüten werden mit der Entwicklung des Sproßsystems kontinuierlich angelegt. Der Blühverlauf ist für die Einzelblüte mit etwa einem Tag anzusetzen; die Pflanze benötigt entsprechend den unterschiedlichen Terminen der Blütenanlage und des Aufblühens ca. drei bis vier Wochen für die Blüte. Für den Pflanzenbestand auf dem Feld kann in Abhängigkeit von den Umweltbedingungen eine Blühdauer von drei bis (z. T. über) fünf Wochen erwartet werden. Von Beginn der Blüte bis zur Reife der Schoten vergehen etwa zwei Monate. Die Schoten reifen nicht gleichmäßig ab, sondern folgen dem zeitlichen Verlauf der Blüte in den Entwicklungs- und Reifevorgängen. Ein gewisser Ausgleich erfolgt allerdings insoweit, als physiologisch jüngere Schoten die Reifephasen rascher durchlaufen als physiologisch alte.

Sommerraps wird im zeitigen Frühjahr ausgesät. Der weitere Entwicklungsverlauf entspricht dem des Winterrapses.

Der Ertragsstruktur liegt beim Raps die Anzahl der Pflanzen je Fläche zugrunde. An der Hauptsproßachse werden regelmäßig einige Nebensproßachsen erster Ordnung angelegt, gelegentlich werden auch noch Seitensproßachsen zweiter Ordnung gebildet.

30 bis 50% der Blüten bilden eine Schote aus. Die Anzahl der Samen in den Schoten ist unterschiedlich: Unter günstigen Bedingungen können über 20 Samen in der Schote gefunden werden.

Die Anzahl der Samen in der Schote variiert entsprechend der Lokalisation an der Sproßachse. Die höchsten Samenzahlen werden in den Schoten der Hauptsproßachse gebildet. Die Seitensproßachsen erster Ordnung zeigen eine etwas geringere Samenanzahl, und bei den Verzweigungen höherer Ordnung kann die Anzahl der Samen bis auf wenige (zwei bis drei) zurückgehen. Die Samen sind klein; 1000 Samen wiegen etwa 4 bis 5 g.

Rübsen

Brassica rapa L. emend. Metzg. var. **silvestris** (Lam.) Briggs (*Brássica* = röm. Name für Kohl; *rápa* = Rübe; *silvéster* = an unbebauten Orten wachsend); engl. *oilseed turnip*, franz. *navette*, span. *natina*. Einjährige und überjährige Pflanzen (Sommer- und Winterformen); Familie Brassicaceae = Cruciferae (Kreuzblütler); diploide Genomstruktur ($2n = 2x = 20$; $x = 10$). Ernteteil: Samen (Samenmasse überwiegend zwei Keimblätter). Inhaltsstoffe: Fett ca. 40%, Eiweiß ca. 20% (Wasser ca. 9%).

Wildformen von Rübsen sind weit verbreitet, sie finden sich in den Gebieten Eurasiens mit temperiertem Klima, in Nordafrika und im Mittelmeergebiet. Die Nutzung im systematischen Anbau ist geographisch weitreichend. Grundsätzlich sind Europa und Vorderasien, Mittelasien, China und Westasien, ferner Nord- und Südamerika zu nennen. Das Herkunftsgebiet dürfte in Westasien liegen; die Pflanzenart ist allerdings so weit verbreitet, daß die Ursprungszentren kaum zuverlässig bestimmt werden können. Die Nutzung ist wahrscheinlich, ähnlich wie beim Raps, sowohl als Brennöl (Beleuchtung) als auch in Notzeiten für die menschliche Ernährung üblich gewesen.

Das aus den Samen gewonnene Öl wird überwiegend als Speiseöl verwendet. Die Hauptanbaugebiete liegen in Asien, insbesondere Indien, Pakistan und China. Die Samen haben einen Rohfettgehalt von knapp 40% und ca. 20% Rohprotein. Der Anteil an gesättigten Fettsäuren liegt bei ca. 3 bis 4%; die ungesättigten Fettsäuren weisen mit ca. 15% für Öl- und Linolsäure sowie ca. 10% Linolensäure und 45 bis 50% Erucasäure ein grundsätzlich ähnliches Muster auf wie bei den alten, nicht mehr angebauten Sorten des Rapses. Eru-

Rübsenpflanze in Blüte

casäure-arme Sorten stehen zur Verfügung, in ihrem Fettsäuremuster ist der Anteil der Ölsäure deutlich erhöht. Wie alle Angehörigen der Kreuzblütler enthält die Rübsenpflanze in allen Geweben - auch in den Samen - Glukosinolate, so daß die eiweißhaltigen Rückstände der Ölgewinnung nur mit Einschränkung verfüttert werden können. In der Züchtung werden auch Glukosinolat-arme Typen verwendet.

Der Entwicklungsverlauf ist durch eine Jugendphase gekennzeichnet, in der die Pflanze zunächst eine Rosette bildet. Bei Winterrübsen wird die Rosette vor dem Winter angelegt, und die Pflanzen überwintern in diesem Stadium. Für das Schossen des Winterrübsens im Frühjahr sind Temperaturen zwischen 0 bis +5 °C mit einer Einwirkungsdauer von 30 bis 40 Tagen Voraussetzung. Die Hauptsproßachse bildet regelmäßig Verzweigungsachsen erster Ordnung.

Die Blüten sind endständig in traubenförmiger Struktur an den Sproßachsen angelegt. Unter Bestandeskonkurrenz ist eine weitere Verzweigung zur Seitensproßachsenbildung zweiter und dritter Ordnung selten. Die Pflanzen sind insgesamt schwächer ausgebildet als beim Raps. Die Blattfarbe tendiert mehr zu einem hellen Grün im Vergleich zu Raps mit blaugrüner Färbung. Die Blätter sind dicht behaart und umfassen den Stengel völlig. Sich öffnende Blüten stehen höher als die Blütenknospen.

Die Ertragsstruktur des Rübsens ergibt sich aus der Anzahl Pflanzen pro Fläche. Die Anzahl der in den Schoten gebildeten Samen ist variabel und von den Wachstumsbedingungen sowie der Insertion an der Pflanze abhängig. Unter sehr günstigen Bedingungen können bis zu 20 Samen in einer Schote gebildet werden. Das Tausendkorngewicht liegt bei Werten von etwa 2 bis 4 g.

Weißer Senf

Sinapis alba L. ssp. **alba** (*Sinápis* = röm. Name für Senfpflanze; *álbus* = weiß); engl. *white mustard*, franz. *moutard blanche*, span. *mostaza blanca*. Einjährige Pflanzen; Familie Brassicaceae = Cruciferae (Kreuzblütler); diploide Genomstruktur (2n = 2x = 24; x = 12). Ernteteil: Samen (Samenmasse überwiegend zwei Keimblätter). Inhaltsstoffe: Fett ca. 35%, Eiweiß ca. 25% (Wasser ca. 9%); geschmacksbestimmende Verbindung (1,5 bis 4,5%) ist das Senfölglykosid Sinalbin (Glukosinolat).

Bei dem in der gemäßigten Zone angebauten Senf handelt es sich überwiegend um den Weißen Senf; daneben ist noch der Sarepta-Senf *(Brassica juncea)* verbreitet. Als Wildform kann der Ackersenf *(Sinapis arvensis)* gelten, ein weit verbreitetes Unkraut, das in Eurasien, im Mittelmeerraum und in Nordafrika sowie auf allen anderen Kontinenten gefunden wird.

Senfpflanze in Blüte

Senf wird in vielen Ländern Europas, ferner in Vorderasien und Indien, Pakistan sowie Nord- und Südamerika angebaut. Die Inkulturnahme dieser Pflanzenart erfolgte frühzeitig in der Entwicklung des Ackerbaues, wie archäologische Funde belegen. Der östliche Mittelmeerraum dürfte das Domestikationsgebiet sein. Senf ist eine sekundäre Kulturpflanze, die sich als Begleitkraut in kultivierten Pflanzenbeständen entwickelt hat.

Das aus den Samen abgepreßte Öl kann als Speiseöl (mit charakteristisch scharfem Geschmack) verwendet werden. Überwiegend dürfte der Senfanbau der Produktion von Gewürzkörnern oder Mostrich dienen. Grundlage des Gewürzcharakters sind Glukosinolate, insbesondere Sinalbin, das mit ca. 1,5 bis 4,5% in der Samenmasse enthalten ist. Getrennt von den Glukosinolaten liegt in der intakten Zelle das Enzym Myrosinase vor. Wird die Zelle zerstört, kann unter Einwirkung der Myrosinase (und von Wasser) das Glukosinolat gespalten werden; es entstehen Glukose und die den scharfen Geschmack bewirkende Sekundärverbindung Sinalbinsenföl (4-Hydroxybenzylisothiozyanat). Die Samen enthalten neben Öl und Eiweiß noch Schleimstoffe.

Der Weiße Senf ist eine einjährige Pflanze. Die Aussaat erfolgt im Frühjahr. Nach dem Auflaufen wird eine Rosette gebildet, aus der rasch die Hauptsproßachse mit Nebensproßachsen hervorgeht. Am Ende der Sproßachse sind die Blüten angelegt. Nach der Befruchtung entwickeln sich von unten nach oben die Schoten. Sie enthalten nur zwei bis vier Samen. Die Vegetationsdauer ist kurz (90 bis 120 Tage); auch leichte Böden mit einem geringen Wasservorrat sind daher für den Anbau geeignet. Die Temperaturminima für die Keimung liegen bei 2 bis 3 °C. In der Hauptwachstumsphase sind eher warme Bedingungen günstig. Der Weiße Senf ist eine Langtagpflanze, die Entwicklung der Sproßachse aus der Pflanzenrosette wird durch die im Verlauf der Jahreszeit zunehmende Tageslänge gefördert.

Die Ertragsstruktur ergibt sich aus der Anzahl Pflanzen, die auf der Fläche stehen. Ferner ist die Anzahl der Schoten an der Hauptsproßachse und den Verzweigungsachsen zu berücksichtigen. Die Anzahl der Samen pro Schote sowie das Einzelsamengewicht vervollständigen die Ertragskomponenten. Von Bedeutung für die Qualität der Samenmasse in der Erzeugung von Mostrich sind neben der Menge an Glukosinolaten (insbesondere Sinalbin) der Ölgehalt (ca. 30 %) sowie Eiweiß und Schleimstoffe. Für die Mostrichherstellung werden der Samenmasse Mehl, Essig und Zucker zugefügt.

Senf, Ertragsstruktur

Sonnenblume

Helianthus annuus L. (griech. *hélios*, (*ἥλιος*) = Sonne; griech. *ánthos* (*ἄνθος*) = Blüte); engl. *sunflower*, franz. *tournesol*, span. *girasol*. Einjährige Pflanzen; Familie Compositae = Asteraceae (Korbblütler); diploide Genomstruktur (2n = 2x = 34; x = 17). Ernteteil: Früchte („Kerne"), bot. Achänen (Samenmasse überwiegend zwei Keimblätter). Inhaltsstoffe (ohne Schalenanteil): Fett ca. 49 %, Eiweiß ca. 23 %, Kohlenhydrate ca. 12 % (Wasser ca. 7 %).

Die Sonnenblume wurde von den Indianern Nordamerikas in Kultur genommen. Die Früchte („Kerne") wurden wie Nüsse verwendet, eine Nutzungsform, die neben der Ölerzeugung auch heute bei der Sonnenblume noch bekannt ist. Hierfür gibt es besonders geeignete Sorten, bei denen die Sonnenblumenkerne eine starke, nußartige Schale haben.

Ein naher Verwandter der Sonnenblume ist Topinambur (*Helianthus tuberosus*, vgl. Seite 121 ff), bei dem (Sproß-)Knollen genutzt werden.

Die Sonnenblume wurde nach archäologischen Funden in ihrem ursprünglichen Verbreitungsgebiet in den gemäßigten bis warmen Regionen Nordamerikas domestiziert. Im 16. Jahrhundert gelangte die Sonnenblume als Zierpflanze nach Europa. Erst im 19. Jahrhundert wurde sie als Ölfrucht angebaut. Die Züchtung hat den Schalenanteil der Kerne (Achänen) verringert und gleichzeitig den Ölgehalt der Samen erhöht. Die heutigen Sorten (z. T. Hybridsorten) weisen Ölgehalte von ca. 50% auf.

Sonnenblumen haben sich als eine pflanzenbaulich interessante und leistungsfähige Ölpflanze erwiesen. Dies führte zu einer weiten Verbreitung auf der Erde. In Südamerika (z. B. Argentinien), Nordamerika, im asiatischen Raum, insbesondere auch in Rußland, und in europäischen Gebieten mit warmen Klima (z. B. Frankreich, Balkanländer, Südrußland) hat sich der Sonnenblumenanbau stark ausgeweitet. Der Umfang des Anbaues (weltweit) ist mit dem von Raps und Rübsen zu vergleichen.

Das Fettsäuremuster der Sonnenblumensamen ist durch einen hohen Anteil an Linolsäure (ca. 70%) gekennzeichnet. Daneben sind Ölsäure (ca. 15%), Stearinsäure und Palmitinsäure mit je ca. 5 bis 6% vorhanden. Das Fettsäuremuster wird stark durch die Temperaturen während des Wachstums der Kerne bestimmt. Unter gemäßigten Temperaturen finden sich Anteile der Linolsäure von ca. 60% und der Ölsäure von ca. 20%. In warmen Klimaten kann dagegen die Ölsäure bis zu 60% erreichen, während die Linolsäure bei 20% liegt.

Das Sonnenblumenöl enthält Vitamine wie A, D, K und insbesondere E (Tokopherol). Die Rückstände der Ölerzeugung enthalten 40 bis 50% Rohprotein und sind ein wertvolles Viehfutter. Aus den Sproßachsen können erhebliche Mengen an α-Zellulose, aus den Korbböden Pektin und Harz gewonnen werden.

Sonnenblumenbestand

Sonnenblumenkorb

Sonnenblumen sind einjährige Pflanzen. Die Aussaat ist in unserem Klima Ende April bis Anfang Mai möglich. Die Temperaturminima der Keimung liegen um ca. 8 °C. Nach dem Auflaufen kommt es rasch zur Entwicklung der Hauptsproßachse. Der Blütenstand ist als „Korb" endständig angelegt. Sonnenblumen sind überwiegend Fremdbefruchter; Insektenbeflug ist daher wichtig. Eher warme Klimabedingungen (über 20 °C) erweisen sich für das Wachstum und die Entwicklung der Pflanzen günstig.

Etwa 70 Tage nach dem Auflaufen beginnen die Pflanzen zu blühen. 800 bis über 2000 Einzelblüten können in einem Blütenkorb gebildet werden. Am Rand des Korbes sitzen Zungenblüten, im Innern des Korbes haben die Blüten eine röhrenförmige Gestalt. Der Blütenkorb benötigt ca. eine bis zwei Wochen, ein Pflanzenbestand ca. drei bis vier Wochen für die Blüte.

Die Ertragsstruktur ist durch die Anzahl der Pflanzen auf der Fläche gekennzeich-

Sonnenblumenfrüchte (Achänen); Samen liegen frei in der Fruchtschale

net, wobei regelmäßig ein Blütenstand (Korb) je Pflanze ausgebildet wird. Stark variabel ist die Anzahl der Früchte (Achänen), die sich im Blütenkorb befinden. Ein Teil der Blüten - in der Korbmitte - bildet regelmäßig keine vollständigen Früchte aus, sondern bleibt ohne Samen. Das Tausendkorngewicht liegt bei 100 bis 200 g.

Mohn (Schlafmohn)

Papaver somniferum L. ssp. **somniferum** (*Papáver* = röm. Name für Mohnpflanze; *somníferum* = schlafbringend); engl. *opium poppy*, franz. *parot somnifère*, span. *adormidera*. Einjährige Pflanzen; Familie Papaveraceae (Mohngewächse); diploide Genomstruktur (2n = 2x = 22; x = 11). Ernteteil: Samen. Inhaltsstoffe: Fett ca. 42%, Eiweiß ca. 20%, Kohlenhydrate ca. 4% (Wasser ca. 6%).

Mohn wurde im westlichen Mittelmeergebiet domestiziert. Archäologische Funde belegen, daß Mohn bereits frühzeitig als Kulturpflanze angebaut wurde. Die Samen dienten der Ölgewinnung oder wurden Backwaren beigemischt. Daneben dürfte aber auch die Verwendung der Pflanze als Droge bekannt gewesen sein.

Mohnanbau ist weit verbreitet. Im europäischen Raum finden sich Anbaugebiete

Mohnpflanzen im Bestand

Mohnpflanzen

insbesondere in den Übergangszonen vom maritimen zum kontinentalen Klima. Meist handelt es sich um kleine Flächen, auf denen Mohn in gartenmäßiger Kultur angebaut wird. Die Flächenerträge sind im Vergleich zu denen anderer Ölpflanzen niedrig; weltweit ist die Ölerzeugung aus Mohn von untergeordneter Bedeutung.

Mohnsamen bieten ein ernährungsphysiologisch günstig zu beurteilendes Speiseöl. Der Anteil der Linolsäure liegt regelmäßig über 60%, die Ölsäure kann 25 bis 30% am Gesamtfettsäuregehalt erreichen. Die Ölgehalte in den Samen liegen um 45%. Bei technischer Verwertung gibt das Mohnöl hochwertige Malerfarben. Die Rückstände der Ölgewinnung weisen 30 bis 40% Eiweiß auf und sind als Viehfutter zu verwenden.

Neben der Ölerzeugung werden die in der Pflanze vorhandenen Alkaloide genutzt. Verbreitet ist eine Gewinnungstechnik, bei der die unreifen Kapseln etwa 14 Tage nach dem Abblühen durch Schnitte verletzt werden; der weiße Milchsaft (Latex) tritt aus, trocknet und bildet eine braune, klebrige Masse (Rohopium). In diesem Rohprodukt sind ca. 20 bis 25% Alkaloide (ca. 10 bis 20% Morphin) enthalten. Auch aus dem Mohnstroh kann Morphin gewonnen werden.

Mohn, Ertragsstruktur (heranreifend)

Mohn, Ertragsstruktur (reif)

Mohn ist eine einjährige Pflanze. Die Aussaat erfolgt im Frühjahr. Die Temperaturminima der Keimung liegen bei 2 bis 4 °C. Keim- und Jungpflanzen sind relativ widerstandsfähig gegen niedrige Temperaturen. Die Pflanzen durchlaufen eine Jugendphase mit Rosettenstadium. Anschließend erfolgt das Streckungswachstum der Hauptsproßachse; im oberen Teil der Sproßachse kann sich die Pflanze auch verzweigen. Die Blüte ist endständig und hat zwei Kelch- und vier große Kronblätter. Mohn ist Selbstbefruchter. Die Frucht besteht aus einer Kapsel. An den Lamellen der Kapsel sitzen die Samen, die bei der Reife abfallen und dann lose am Boden der Kapsel liegen.

Die Ertragsstruktur ergibt sich aus der Anzahl der Pflanzen auf der Fläche, der an den Pflanzen gebildeten Anzahl der Kapseln und der Menge der Samen je Kapsel. Es können bis zu 2000 Samen je Kapsel gebildet werden. Die Samen sind sehr fein (Tausendkorngewicht 0,3 bis 0,6 g).

Rizinus (Wunderbaum)

Ricinus communis L. (*Rícinus* = lat. Bezeichnung für Zecke, bezieht sich auf die Samenform; *commúnis* = gewöhnlich); engl. *castor-bean*, franz. *ricin*, span. *ricino*. Einjährige Pflanzen (als Wildpflanze mehrjährig); Familie Euphorbiaceae (Wolfsmilchgewächse); diploide Genomstruktur (2n = 2x = 20; x = 10). Ernteteil: Samen (Endospermanteil ca. 75 bis 80%). Inhaltsstoffe: Fett ca. 65%, Eiweiß ca. 22%, Kohlenhydrate ca. 1%; Glykoproteine Rizin (0,1% in der Samenmasse) und Abrin als sehr giftige Phytotoxine.

Annähernd 90% der Fettsäuren bestehen aus Rizinolsäure.

Rizinus ist eine alte Kulturpflanze; in ägyptischen Gräbern finden sich Hinweise auf diese Pflanze, die bis in das vierte Jahrtausend v. Chr. zurückdeuten. Rizinus stammt wahrscheinlich aus den Übergangsgebieten Afrika/Asien. Er ist in tropischen und subtropischen Regionen weltweit verbreitet. Mit der Ausbreitung ist eine erfolgreiche Adaption an die jeweiligen Standortbedingungen einhergegangen. Rizinus wird in den warmen Gebieten Südrußlands und Südeuropas angebaut. Aber auch Italien, Südfrankreich, Spanien und

Rizinuspflanze

Portugal wiesen früher eine nicht unerhebliche Produktion von Rizinus auf. In den europäischen Gebieten ist der Anbau stark zurückgegangen, dagegen ist weltweit aber noch eine beachtliche Anbaufläche vorhanden.

Der Bedarf an Rizinusöl ergibt sich aus den günstigen Voraussetzungen einer technischen Verwertung. Früher war Rizinusöl ein wichtiges Schmiermittel. Der besondere Wert ergab sich aus der auch bei Temperaturschwankungen gleichbleibenden Viskosität, einer ausgeprägten Adhäsion und der Eigenschaft als nicht trocknendes Öl. Es wurde und wird daher als Schmiermittel für schnellaufende Motoren und als Flüssigkeit in hydraulischen Systemen genutzt, außerdem für kosmetische Präparate, in der Kautschukindustrie und bei der Papier- und Lederbearbeitung. Derivate finden sich in Anstrichmitteln und in Druckfarben, sie dienen auch der Herstellung wasserdichter Textilien.

In tropischen und subtropischen Gebieten entwickeln sich die Rizinuspflanzen als mehrjährige, baumartige Gewächse. Im Anbau werden jedoch nur einjährige Formen genutzt. Die Wachstumsdauer ist bei günstigen Temperaturverhältnissen (über 20 °C) mit sechs bis acht Monaten anzusetzen. Die Blüten sind in traubigen Blütenständen in den Blattachseln angelegt. Weibliche und männliche Blüten sind innerhalb des Blütenstandes getrennt ausgebildet: Die männlichen Blüten sitzen am unteren Teil des Blütenstandes, im oberen Teil befinden sich die weiblichen Blüten mit großer, roter, dreiteiliger Narbe. Die Früchte bestehen aus mit Stacheln besetzten Kapseln, die drei bohnenartige Samen enthalten. Angebaute Sorten haben nicht platzende Kapseln. Die Rückstände der Ölgewinnung können nicht als Viehfutter verwendet werden, da sie das Phytotoxin Rizin enthalten. Das ebenfalls in den Sa-

Blütenstand von Rizinus

Fruchtstand von Rizinus

Rizinus, Ertragsstruktur

men vorhandene Alkaloid Rizinin ist dagegen nur schwach giftig. Bei einem Kaltpressen der Samen geht das Phytotoxin Rizin kaum in das Öl über, sondern verbleibt in den Rückständen.

Die Anpassung an tropische Klimabedingungen zeigt sich bei Rizinus in den Temperaturminima der Keimung. Die Keimung erfolgt erst bei 14 bis 15 °C, optimale Bedingungen liegen bei über 30 °C vor. Nach dem Auflaufen entwickeln sich die Pflanzen zunächst vegetativ (30 bis 60 Tage). Im Anschluß daran beginnen sich die ersten Blüten an den Hauptsproßachsen zu öffnen; die Blüten an Seitensproßachsen folgen später. Entsprechend der relativ langen Blühphase reifen auch die Kapseln über eine entsprechende Zeitperiode ab. Die Phase der Fruchtbildung kann zwischen 40 und 50 Tagen (gelegentlich bis 90 Tage) andauern.

Die Ertragsstruktur ergibt sich aus der Anzahl der Pflanzen pro Fläche. Die Verzweigung der angebauten Sorten ist nicht stark ausgeprägt, so daß die Erträge im wesentlichen über die Hauptsproßachse zustande kommen. Die überwiegende Masse des Samens ist Endosperm. Das Samengewicht ist sortenspezifisch und kann für 1000 Samen bei 250 bis 400 g liegen.

Saflor (Färberdistel)

Carthamus tinctorius L. (*Cárthamus* = wahrscheinlich vom arab. *qurtom* = färben; *tinctórius* = zum Färben verwendet); engl. *safflower*, franz. *carthame des teinturiers*, span. *alazor*. Einjährige Pflanzen; Familie Compositae = Asteraceae (Korbblütler); diploide Genomstruktur (2n = 2x = 24; x = 12). Ernteteil: Früchte („Körner"), bot. Achänen (überwiegend zwei Keimblätter). Inhaltsstoffe (mit Schalen): Fett ca. 35%, Eiweiß ca. 15% (Wasser ca. 9%); Samenmasse (ohne Schalen) bis 55% Fett.

Die Herkunft des Saflors, auch als Färberdistel oder Falscher Safran bezeichnet, liegt wahrscheinlich in Vorderasien. Die Nutzung als Farb- und Ölpflanze hat eine weit zurückreichende Tradition; bereits in den Kulturen des Altertums war diese Pflanze bekannt.

Die Hauptanbaugebiete finden sich heute in tropischen Regionen, insbesondere auf trockenen Standorten (Ägypten, Sudan, Irak, Mexiko, Indien, USA). In Europa sind Anbauflächen in Südfrankreich und Spanien zu finden. Früher war diese Pflanze auch für die kühl-gemäßigten Zonen interessant, vor allem wegen des in den Blüten enthaltenen Farbstoffs.

Durch züchterische Bearbeitung entstand eine weltwirtschaftlich wichtige Ölpflanze. Das Öl ist zu über 90% aus ungesättigten Fettsäuren zusammengesetzt und hat damit ernährungsphysiologisch einen hohen Wert. Im Fettsäuremuster liegen etwa 75 bis 80% Linol- und 10 bis 15% Ölsäure als charakteristische Bestandteile vor. Durch züchterische Auslese ist es möglich, den Ölsäuregehalt auf Anteile von ca. 70% zu erhöhen; der Linolsäureanteil geht dann korrespondierend auf ca. 15% zurück. Auch die technische Verwendung für Lacke ist weit verbreitet, da das Öl rasch trocknet und nicht nachdunkelt. Aus den Blütenblättern können Farbstoffe gewonnen werden; es handelt sich um einen orangeroten Farbstoff (Carthamin). Früher diente dieser Farbstoff zum Einfärben von Pflanzenfasern (einschließlich Seide), wobei konzentrationsabhängig Färbungen von rötlich über tiefrot bis dunkelbraun erreicht wurden.

Die Vegetationsdauer dieser distelartigen Pflanze beträgt 120 bis 150 Tage. Besonderes Interesse verdient der Anbau in Gebieten mit hohen Temperaturen und geringen Niederschlägen.

Saflorpflanze, blühend

Die Pflanze wird im Aufwuchs durch die Hauptsproßachsen geprägt, im oberen Teil verzweigt sie sich. Die Stengellänge kann 50 bis 70 cm betragen. Am Ende der Sproßachsen sitzen die Blütenköpfe, die überwiegend orangerote aber sortenspezifisch auch gelbe Färbungen aufweisen.

Die Ertragsstruktur wird durch die Anzahl der Pflanzen auf der Fläche bestimmt; mit den Verzweigungen im obersten Abschnitt der Hauptsproßachse ergibt sich die Anzahl der Blütenköpfe pro Fläche. In den Blütenköpfen sind etwa 50 bis 100 Einzelblüten zusammengefaßt. Fremdbefruchtung herrscht vor.

In den Blütenkörben entwickeln sich bis zu 100 Früchte (Achänen). Das Tausendkorngewicht der Achänen liegt bei ca. 26 bis 32 g. Der Ölgehalt ist relativ niedrig (bis etwa 35%).

Saflor, Ertragsstruktur

Ölkürbis

Cucurbita pepo L. var. **oleifera** Pietsch (*Cucurbíta* = röm. Name für Kürbis; *pépo* = Kürbis); engl. *pumpkin*, franz. *courge pépon*, span. *calabaza comun*. Einjährige Pflanzen; Familie Cucurbitaceae (Kürbisgewächse); tetraploide Genomstruktur (2n = 4x = 40; x = 10). Ernteteil: Samen (überwiegend zwei Keimblätter). Inhaltsstoffe: Fett ca. 50%, Eiweiß ca.35%, Kohlenhydrate ca. 3% (Wasser ca. 10%).

Kürbis ist eine alte Kulturpflanze der mittel- und südamerikanischen Gebiete. Wahrscheinlich wurden zunächst die Samen (Kerne) als öl- und eiweißreiche Nah-

Ölkürbisfeld, reif

rung genutzt. Das Kürbisfleisch war dagegen aufgrund von Bitterstoffen als Nahrungsmittel nur eingeschränkt verwendbar. Erst im Verlauf der Inkulturnahme entstanden Formen, deren „Fleisch" bitterstofffrei war.

Beim Ölkürbis handelt es sich um eine spontan entstandene Mutante; die Samen entwickeln keine lederartige Samenschale, sondern nur noch eine dünne, silbrig scheinende Haut.

Ölkürbis wird im südlichen Österreich (Kärnten und Steiermark), in Slowenien, Ungarn und Rußland angebaut, außerhalb Europas in den USA.

Die Nutzung liegt überwiegend in der Gewinnung von Öl aus den Kürbissamen. Es handelt sich um ein gutes Speiseöl, das mit der charakteristischen grünbräunlichen Färbung auf den Markt kommt. Das Öl ist etwas lichtempfindlich; es sollte kühl

In der Ölkürbisfrucht werden 200 bis 400 Samenkerne gebildet

aufbewahrt werden. Seine Haltbarkeit ist eingeschränkt. Die ungesättigten Fettsäuren Linol- und Ölsäure mit ca. 70% bzw. ca. 20% bestimmen das Fettsäuremuster. Ferner sind noch geringe Anteile von Palmitin- und Stearinsäure vorhanden. Der Ölgehalt der Samen erreicht etwa 50%. Das Fruchtfleisch kann nach der Gewinnung der Samen verfüttert werden; es ist auch für die menschliche Ernährung als Gemüse geeignet. Die Samen (Kürbiskerne) können auch als „Knabberkerne" roh verzehrt werden.

Ölkürbis ist eine einjährige Pflanze. Die Aussaat erfolgt im Frühjahr. Das Temperaturminimum der Keimung liegt bei ca. 10 °C. Etwa sechs bis sieben Wochen nach dem Auflaufen erscheinen die ersten Blüten. An der Pflanze werden weibliche und männliche Blüten gebildet. Nach der Befruchtung verbleibt unter den üblichen Produktionsbedingungen meist nicht mehr als ein Kürbis je Pflanze. Warme und trokkene Anbaugebiete innerhalb der gemäßigten Klimazone eignen sich für den Kürbisanbau. Grundsätzlich wäre der Anbau auch in kühleren Gebieten möglich, wenn die warmen Jahreszeiten genutzt werden.

Ölkürbis, Samen

Ölkürbisfrüchte, aufgeschnitten

Die Ertragsstruktur ergibt sich aus der Anzahl der Pflanzen pro Fläche, der Anzahl der Früchte pro Pflanze und der Anzahl der Samen pro Kürbisfrucht. Es werden 200 bis 400 Samen im Kürbis gebildet. Das Tausendkorngewicht liegt bei etwa 200 g. Der Samenanteil am Kürbis kann bis zu 3% erreichen.

Lein (Dreschlein, Flachs)

Linum usitatissimum L. (*Línum* = griech. *línon* (*λίνον*), Lein; *usitatíssimus* = sehr nützlich); engl. *flax*, franz. *lin*, span. *lino*. Einjährige Pflanzen (auch überjährige Form bekannt); Familie Linaceae (Leingewächse); diploide Genomstruktur (2n = 2x = 15; x = 15). Ernteteile: Fasern (Bastfaserbündel der Sproßachsen); Samen (überwiegend Endosperm). Inhaltsstoffe (Samen): Fett ca. 40%, Eiweiß ca. 20%, Kohlenhydrate ca. 20%, Schleimstoffe ca. 6% (Wasser ca. 10%). 15 bis 20% des Leinstrohs sind „Schwingflachs“.

Lein hat eine Doppelnutzung: Es werden Fasern und Öl erzeugt. Systematisch teilt man die Produktionstypen in zwei Konvarietäten ein; convar. *usitatissimum* stellt den Faserlein im engeren Sinne dar, convar. *mediterraneum* den Öllein. Ferner gibt es die Konvarietät. *crepitans*, bei der sich die Kapseln zum Zeitpunkt der Reife öffnen (Springlein), was zu Samenverlusten führt.

Leinpflanzenbestand, Faser- und Öllein in Blüte

Leinpflanzenbestand, Faserlein abreifend

Die angebauten Leinsorten sind durch geschlossene Kapseln gekennzeichnet. In der Züchtung wurden zahlreiche Übergangsformen zwischen Faser- und Ölleintypen hergestellt. Damit ergeben sich Doppelnutzungen. Maximale Erträge der jeweiligen Nutzungsform können nur durch die spezialisierte Konvarietät erreicht werden.

Die Herkunftsgebiete für Lein dürften im Mittleren Osten liegen. Archäologische Funde aus Ägypten belegen die Verwendung von Lein als Faserpflanze. Die Samen sind ebenfalls genutzt worden; sie wurden gemahlen und das Mehl Backwaren beigefügt. Auch die pharmazeutische Verwendung der Samen zur Entzündungshemmung und Reizabschwächung und als Laxativum ist interessant. Ihre Wirkungen beruhen auf Schleimstoffen in den Samenschalen (ca. 6%) und auf Glukosiden (0,1 bis 1%). Bei den Glukosiden handelt es sich um Linamarin und Lotaustralin. Die Abbauprodukte der Glukoside ergeben u. a. Blausäure und Glukose. Vergiftungen beim Menschen sind nicht bekannt.

Das Öl der Leinsamen weist einen hohen Anteil von Linolensäure (um 50%) auf, Linolsäure ist mit ca. 20%, und Ölsäure mit ca. 15% vorhanden, Palmitin- und Stearinsäure erreichen zusammen einen Anteil von über 10%. Leinöl trocknet sehr gut und wird daher als Grundlage von Ölfarben geschätzt. Aus Leinöl kann auch Schmierseife hergestellt werden. Die ernährungsphysiologische Bewertung ergibt sich aus der Zusammensetzung im Fettsäuremuster.

Lein ist eine einjährige Pflanze. Das Temperaturminimum der Keimung liegt bei 3 bis 4 °C. Nach der Keimung entwikkelt sich regelmäßig ein Trieb, der bei Faserlein im obersten Teil schwach, beim Öllein stärker verzweigt ist. Faserleine haben relativ kleine Samen (Tausendkorngewicht ca. 5 g), während bei Öllein die Samen größer sind (Tausendkorngewicht um 10 g). Die Samen befinden sich in Kapseln; es können bis zu 10 Samen pro Kapsel gebildet werden. Lein ist Selbstbefruchter. Die Pflanzen werden zur Ölerzeugung in der Vollreife geerntet. Das Öl wird überwiegend technisch verwertet. Neben der Verwendung als Grundstoff für die Herstellung von Farben und Lacken dient es auch der Produktion von Druckfarben, Linoleum etc.. Ferner wird Leinöl in der Leder- und Papierindustrie verwendet.

Sollen mit dem Leinanbau Fasern erzeugt werden, sind hierfür spezialisierte Faser- oder Ölfaserleine zu verwenden. Die Fasern der Hauptsproßachse werden genutzt, deren Länge ist von der Länge der Internodien abhängig (2 bis 6 cm). Die Fasern stellen ein vernetztes Bastfaserbündel dar, dem jeweils ein Siebgefäßteil zugeordnet ist. Zur Ernte werden die Pflanzen aus dem Boden gezogen (gerauft); die Fasern reichen bis in die Wurzelansätze am Sproß.

Faserlein in der Ernte

Zur Gewinnung der Fasern werden die Stengel zunächst einem Gärungsprozeß (Röste) unterworfen. Dieser erfolgte früher regelmäßig in langsam fließendem Wasser, dagegen wird heute in Gebieten mit stärke-

Leinpflanzen, geerntet

Öllein, Ertragsstruktur

rem Taufall der geschnittene Leinbestand für eine „Tauröste" auf dem Felde belassen. In der Röste werden durch Mikroorganismen (Pektin abbauend) die Gefäßbündel voneinander getrennt. Anschließend werden die Pflanzen getrocknet, gebrochen und geknickt, um die Fasern aufzutrennen. Am Ende der Bearbeitung werden die Stengel über ein Nagelbrett gezogen (Hecheln) und damit gleichgerichtet. Mit dem Hecheln werden auch Lang- und Kurzfasern voneinander getrennt. Das eigentliche Produkt sind die Langfasern; die kurzen Fasern sind minderwertig (Werg) und nur bedingt verwendbar. Aus den zurückbleibenden Holzteilen (Scheben) kann Zellulose gewonnen werden.

Hanf

Cannabis sativa L. ssp. **sativa** (*Cannábis* = röm. Name für Hanf, griech. *κάνναβις*; *satívus* = angepflanzt/angebaut); engl. *hemp*, franz. *chanvre*, span. *cánamo*. Einjährige Pflanzen; Familie Moraceae = Cannabaceae (Maulbeerbaumgewächse); diploide Genomstruktur (2n = 2x = 20; x = 10). Ernteteil: Fasern (der Sproßachsen); Schließfrüchte („Samen") bot. Nüsse (als Nebennutzung). Inhaltsstoffe (Samen; überwiegend zwei Keimblätter): Fett ca. 30%, Eiweiß ca. 15%, Kohlenhydrate ca. 15% (Wasser ca. 9%).

Hanfpflanzenbestand

Hanf ist eine weit verbreitete Pflanzenart, wobei Wildformen und verwilderte Formen zu finden sind. Die Herkunft dürfte in Zentralasien liegen. Die Inkulturnahme ist wahrscheinlich in China bereits im zweiten Jahrtausend v. Chr. erfolgt. Hanfanbau findet sich heute in allen Erdteilen (Europa,

Hanfpflanzen mit Blüten- und Fruchtständen

Nord- und Südamerika, Nordafrika und Australien).

Die wirtschaftlich wichtige Nutzung des Hanfanbaus liegt in der Fasererzeugung, wobei eine wertvolle, auch bei Nässe feste Faser gewonnen wird. Hieraus werden Seile und Bindfäden sowie Teppiche hergestellt. Genutzt werden die Faserbündel (15 bis 28 mm Länge), die sich als Bastteile in den Stengeln befinden (Anteil an technisch verwertbarer Faser bis ca. 20 % des Stengelgewichtes). Besondere Bedeutung kommt der Naßfestigkeit der Faser zu.

Die Früchte („Samen") können zur Ölgewinnung genutzt werden. Sie enthalten ca. 30 bis 35% Rohfett. Gesättigte Fettsäuren sind etwa 10% vorhanden; die ungesättigten Fettsäuren bestehen im wesentlichen aus Linolsäure (um 50%), Linolensäure (20%) und Ölsäure (ca. 12%). Es handelt sich um ein grünlich gefärbtes, gut trocknendes Öl, das für Lacke, Farben und auch als Bestandteil von Waschmitteln verwendet werden kann. Die Rückstände der Ölgewinnung sind als Viehfutter geeignet. Ganze Früchte werden vielfach als Vogelfutter verwendet. 1000 „Samen" wiegen ca. 15 bis 25 g.

An den Sproß- und Blütenteilen der Pflanze befinden sich Drüsen, von denen ein Harz gebildet wird („Haschisch"). Diese Masse enthält Cannabinoide (Cannabidiol, Tetrahydrocannabinol), die euphorisierende und halluzinogene Wirkungen haben. Die getrockneten weiblichen Blüten, an denen besonders viel harzartige Masse gebildet wird, werden als „Marihuana" bezeichnet.

Hanf ist eine einjährige Pflanze. Das Temperaturminimum für die Keimung liegt bei 4 bis 5 °C. Die Pflanze kann bis zu 4 m hoch werden. Die Stengel bilden eine Röhre. Je nach Gunst der Umweltbedingungen kommt es zu einer mehr oder weniger starken Verzweigung der Pflanze. Es stehen Typen mit unterschiedlicher Vegetationsdauer zur Verfügung. Die Pflanzen sind (grundsätzlich) diözisch, d. h., es finden sich Pflanzen mit weiblichen (Hanfhenne) neben Pflanzen mit männlichen Blüten (Femelhanf). Zwittrige Pflanzen wurden gezüchtet. Sollen die Pflanzen zur Fasergewinnung abgeerntet werden, ist auf das unterschiedliche Abreifen der weiblichen und männlichen Pflanzen zu achten. Zunächst reifen die männlichen Pflanzen; diese müssen im Bestand zeitlich vor den weiblichen Pflanzen geerntet werden; das Ausreißen der männlichen Pflanzen im Bestand zur Ernte wird als „Femeln“ bezeichnet. Die Fasern können mechanisch durch Knickmaschinen oder durch „Rösten“, d. h., nach bakteriellem Zersetzen und Zermürben der Holzteile des Stengels, gewonnen und verarbeitet werden.

Hanf, Fruchtstand und Früchte

Körnerleguminosen

Körnerleguminosen, im Hinblick auf pflanzenbauliche Aspekte (Produkte, Anbautechnik) zusammengefaßt, stehen auch in der botanischen Systematik als Angehörige der Familie der Hülsenfrüchtler (Leguminosae = Fabaceae) in naher verwandtschaftlicher Beziehung. Körnerleguminosen sind in der Unterfamilie der Lotoideae und hier in den Stämmen „Ginsterartige" (Genesteae), „Wickenartige" (Vicieae) und „Bohnenartige" (Phaseoleae) aufgeführt. In der gemäßigten Klimazone sind Lupinenarten (Ginsterartige) im Anbau, unter den Wickenartigen sind es Wicken, Ackerbohne, Erbse, Linse, Platterbse und Kichererbse. Bohnenartige sind überwiegend in subtropischen und tropischen Gebieten verbreitet; im gemäßigten Klima sind Gartenbohne (Buschbohnen, Stangenbohnen) und Sojabohne als Kulturpflanzen dieses Stammes anbauwürdig. Körnerleguminosen des tropischen und subtropischen Klimaraums finden sich in mehreren Gattungen (z. B. *Arachis, Vigna, Cajanus, Canavalia, Dolichos, Lablab*).

Der ernährungsphysiologische Wert der Hülsenfrüchtler liegt in dem hohen Eiweißgehalt der Samen; dieser erreicht regelmäßig Werte von 20 bis 25% und darüber. Einige Körnerleguminosen haben in den Samen Öl (z. B. Sojabohne, Erdnuß).

Ackerbaulich ist die Symbiose der Leguminosen mit den „Knöllchenbakterien" (*Rhizobium* spp.) interessant. Diese Bakterien dringen in die Wurzeln von Leguminosen ein und vermehren sich im Wurzelgewebe. Es bilden sich „Knöllchen". Die *Rhizobium*-Arten sind in der Phase der Sym-

Knöllchen an Leguminosenwurzeln

biose mit ihren Wirtspflanzen in der Lage, Luftstickstoff zu assimilieren. Sie geben Stickstoffverbindungen an die Wirtspflanze weiter; die Wirtspflanze liefert Assimiliate aus dem eigenen Stoffwechsel an die „Knöllchenbakterien". Aufgrund dieser Symbiose werden die Leguminosen mit dem Stickstoff aus der Atmosphäre versorgt, so daß sie von Stickstoffverbindungen aus dem Boden unabhängig werden. Eine mineralische (oder organische) Stickstoffdüngung ist daher im Anbau dieser Kulturpflanzenarten nicht notwendig. Durch den Anbau von Leguminosen kann der Boden mit Stickstoff angereichert werden.

In der Ertragsbildung weisen Leguminosenarten vergleichbare Vegetationsabläufe auf. Die Samen der Leguminosen benötigen in der Vorbereitungsphase der Keimung regelmäßig mehr als 100% des Eigengewichtes an Wasser. Die Temperaturansprüche sind unterschiedlich, wobei Beziehungen zu den Herkunftsgebieten der jeweiligen Art bestehen. Geringe Temperaturminima der Keimung finden sich bei vielen Wickenartigen, wie Puffbohne, Erbse, Linse (2 bis 5 °C); demgegenüber weisen die bohnenartigen Körnerleguminosen (Gartenbohne, Sojabohne) meist höhere Temperaturminima (> 5 °C) für die Keimung auf.

Nach der Keimung wird eine Jungendphase durchlaufen, in der zunächst vegetative Strukturen der Pflanze aufgebaut werden. Erst nach der Jugendphase bilden sich im Verlauf des weiteren Längenwachstums – vielfach an den Knoten der Sproßachse (in den Blattachseln) – Blüten.

Mit der heranwachsenden Sproßachse wird an den jeweils neu gebildeten Knoten auch ein Blütenstand angelegt; hieraus ergibt sich für Leguminosen meist eine lange Blühphase. An einer Pflanze – als Beispiel kann die Ackerbohne genannt werden – können sich dann reife Hülsen im unteren und mittleren Teil der Sproßachse, darüber grüne Hülsen und zur Sproßspitze hin noch unentwickelte Hülsen sowie Blüten finden. Einige Körnerleguminosen weisen aber auch endständige Blütenstände auf, wie es z. B. für Lupinen gilt, die einen traubigen Blütenstand endständig an den Sproßachsen anlegen.

Die meisten Körnerleguminosenarten weisen ein Sproßsystem mit Verzweigungen auf. Aus der Hauptsproßachse entwickeln sich Nebensproßachsen erster und höherer Ordnung. An allen Sproßachsen pflegen sich generative Organe zu bilden.

Das Ernteprodukt sind bei Körnerleguminosen die Samen, die in Hülsen ausgebildet werden. Die Samen sind nach außen durch eine Samenschale geschützt; unter der Samenschale liegen zwei stark entwikkelte Keimblätter, in denen die Nahrungsvorräte für den Embryo enthalten sind. Zwischen den beiden Keimblättern befindet sich der Embryo, der beim Keimen und der Differenzierung des Keimlings zunächst aus den Keimblättern versorgt wird. Man unterscheidet eine hypogäische Keimung, bei der die Keimblätter im Boden verbleiben, und eine epigäische Keimung, bei der die Keimblätter über den Boden gehoben werden.

Die Symbiose von Leguminosen mit Knöllchenbakterien (*Rhizobium*-Arten) beruht auf spezifischen Beziehungen zwischen Leguminosenarten und bestimmten *Rhizobium*-Typen.

Für den Anbau einer Körnerleguminosenart ist es daher wichtig, das Saatgut mit der geeigneten *Rhizobium*-Art zu impfen, wenn auf dem Standort bisher ein Anbau dieser Leguminosenart nicht üblich gewesen ist. Nach dem erstmaligen Anbau sind die Bakterien im Boden vorhanden.

Puffbohne (Ackerbohne, Dicke Bohne, Faba-Bohne)

Vicia faba L. (*Vícia* = röm. Name für Wicke; *fába* = Bohne); engl. *faba bean*, franz. *fève*, span. *haba*). Einjährige Pflanzen; Familie Leguminosae = Fabaceae (Hülsenfrüchtler); diploide Genomstruktur (2n = 2x = 12; x = 6). Ernteteil: Samen (überwiegend zwei Keimblätter). Inhaltsstoffe: Kohlenhydrate (Stärke) ca. 55%, Eiweiß ca. 23%, Fett ca. 1,5% (Wasser ca. 11%).

Die Faba-Bohne wird in die Tribus Vicieae (Wickenartige) eingeordnet; man unterscheidet die Subspezies *minor*, die als Körnerleguminose zur Erzeugung reifer Samen angebaut wird, und die Subspezies *faba*, die als Gemüsepflanze (vgl. Seite 188) zur Produktion grüner Hülsen mit unreifen Samen kultiviert wird. Als Gebiet der Domestikation kann der Mittelmeerraum (einschließlich Vorderasien) angenommen werden. Eine historisch sehr frühe Nutzung ist auch für Mitteleuropa bekannt. Der Anbau ist ursprünglich überwiegend als Nahrung für den Menschen erfolgt, wobei die reifen Samen vermahlen und für Suppen oder Brei verwendet wurden, unreife Samen wurden als Gemüse genutzt. Heute dienen die Samen der Faba-Bohne nahezu ausschließlich als Viehfutter.

Die Faba-Bohne ist eine wichtige Körnerleguminsoenart der gemäßigten (z. T. auch der subtropischen) Klimazone. Sie wird in den kühl-gemäßigten Gebieten Europas, in Westeuropa, im Mittelmeerraum, in Vorderasien, Asien (insbesondere China) und Südamerika angebaut; in Asien beträgt die Anbaufläche über 2 Mio. ha.

Ackerbohnenbestand

Faba-Bohnen sind einjährige Pflanzen. Im Anbau sind nahezu ausschließlich „Sommerformen“. Es werden aber – in regional begrenztem Umfang – auch „Winterbohnen“ angebaut. „Winterbohnen“ weisen eine gewisse Winterhärte auf, so daß nach Aussaat im Herbst die Jungpflanzen überwintern können. Für Gebiete mit milden winterlichen Witterungsabläufen können diese Bohnentypen genutzt werden. Für deutsche Anbauverhältnisse reicht die Winterfestigkeit für einen regelmäßigen Anbau nicht aus. Die Temperaturminima der Keimung liegen mit 2 bis 3 °C niedrig. Die Samen keimen hypogäisch, d. h., die Keimblätter bleiben im Boden. In der weiteren Entwicklung sind eher kühle Temperaturen für das Gesamtwachstum günstig. Durch frühe Trockenheit in der Vegetation (z. B. Sommertrockenheit) werden die Ertragsleistungen der Pflanzen beeinträchtigt.

Ackerbohnenpflanzen

Zunächst entwickeln sich einige Blattstufen an der Sproßachse (fünf bis sechs), an denen noch keine Blüten angelegt werden. Mit der weiteren Entwicklung der Sproßachse bilden sich dann traubenartige Blütenstände in den Blattachseln. Viele Sorten zeigen ein indeterminiertes Wachstumsverhalten, d. h., die Sproßachsen schließen das Längenwachstum nicht ab, sondern erst die kühlen Temperaturen im Herbst und in der Vorwinterzeit beenden die Vegetation. Unter diesen Bedingungen kann die Anlage von Blüten noch bis weit in den Spätsommer erfolgen. Die Pflanzen haben dann unterschiedlich ausgereifte Hülsen. In der Züchtung wurden Sorten entwickelt, bei denen das Längenwachstum der Sproßachse determiniert ist; diese Pflanzen haben nicht nur in den Blattachseln Blütenstände, sondern die Sproßachse endet in einem Blütenstand.

Nur einige Blüten des traubenartigen Blütenstandes bilden Hülsen. Man kann mit etwa zwei bis fünf Hülsen je Blütenstand rechnen. Die Blüten sind selbstfertil, regelmäßig findet aber neben Selbst- auch Fremdbefruchtung statt. Die Hülsen reifen von unten nach oben ab. Zur Ernte ist der überwiegende Teil der Hülsen braun bis schwarz gefärbt und damit erntereif.

Die Samen der Faba-Bohne enthalten etwa 24 bis 30 % Eiweiß. Die biologische Wertigkeit ist infolge eines relativen Mangels an Zystein und Methionin nicht hoch. In den Samen sind auch Glukoside vorhanden; diese sind aber ernährungsphysiologisch unbedenklich. Eine Besonderheit stellt der Favismus dar (Vergiftungserscheinungen). Hierbei handelt es sich um eine Krankheit des Menschen nach Genuß der Bohnen, für die eine erbliche Anlage bekannt ist. Im wesentlichen findet sich diese

Ackerbohne, Ertragsstruktur

Krankheit nur unter Angehörigen der Bevölkerung des Mittelmeerraums. Wirksam ist das Aglykon des Konvicins der Faba-Bohne.

Die Ertragsstruktur von Beständen der Faba-Bohne wird durch die Anzahl der Pflanzen je Fläche und die Anzahl der Hülsen je Pflanze bestimmt. Die Anzahl der Hülsen an der Pflanze ergibt sich aus dem fruchtbaren Abschnitt der Sproßachse und den dort befindlichen Knoten als Ansatzstellen für Hülsen. Auch innerhalb des fruchtbaren Teils der Sproßachse entwickeln sich regelmäßig nicht an allen Knoten Hülsen. Die Anzahl der Hülsen ist variabel; meist handelt es sich um zwei bis drei Hülsen je Knoten. Durchschnittlich sind in der Hülse zwei bis vier Samen.

Schließlich ist das Einzelkorngewicht zu nennen, das bei Faba-Bohnen recht variabel ist. Bei den im landwirtschaftlichen Pflanzenbau genutzten Bohnentypen handelt es sich um Tausendkorngewichte zwischen 350 und 800 g.

Erbse

Pisum sativum L. ssp. **sativum** (*Písum* = röm. Name für Erbse; *satívus* = angepflanzt/angebaut); engl. *pea*, franz. *pois*, span. *guisante*. Einjährige Pflanzen; Familie Leguminosae = Fabaceae (Hülsenfrüchtler); diploide Genomstruktur (2n = 2x = 14; x = 7). Ernteteil: Samen (überwiegend zwei Keimblätter). Inhaltsstoffe: Kohlenhydrate (Stärke/Zucker) ca. 45%, Eiweiß ca. 23%, Fett ca. 1,5% (Wasser ca. 11%).

Die Erbse wird in der botanischen Systematik in mehrere Unterarten eingeteilt: Hierzu gehören ssp. *asiaticum*, die in den Gebirgslagen Nordafrikas sowie in Vorder- und Zentralasien gelegentlich angebaut wird, ssp. *transcaucasicum*, von der zahlreiche Felderbsentypen im europäischen Teil der UdSSR sowie im Kaukasus und in Transkaukasien genutzt werden, ferner ist ssp. *syriacum* interessant, die in Syrien,

Israel, Irak und Iran vorkommt und eine Ausgangsform der Unterart *sativum* sein könnte.

Neben *Pisum sativum* sind noch *P. abyssinicum, P. elatius* und *P. fulvum* als Angehörige der Gattung *Pisum* zu nennen. *P. abyssinicum* wird in Südarabien und Äthiopien gelegentlich angebaut, dies gilt auch für *P. elatius* (mediterranes Gebiet und Vorderasien bis Tibet und Inden). *P. elatius* wird als eine Stammform von *P. sativum* ssp. *sativum* angesehen. *P. fulvum* (Syrien, Israel und Arabien) gilt ebenfalls als eine mögliche Stammform von *P. sativum* ssp. *sativum*

Bei der Erbse handelt es sich um eine sehr alte Kulturpflanze, die zu den ersten Pflanzenarten gerechnet werden muß, die in einem systematischen Anbau genutzt wurden. Die Herkunfts- und Domestikationsgebiete liegen im östlichen mediterranen Raum sowie in Klein- bzw. Vorderasien. Bereits für die Frühzeit des Ackerbaues (Bronzezeit) ist die Ausbreitung des Erbsenanbaus aus den genannten Gebieten bis in den skandinavischen Raum nachzuweisen. Heute werden Erbsen weltweit angebaut und genutzt. Die Produktion ist sowohl in Form von Gemüse (grüne Hülsen und unreife Samen) oder Trockenerbsen üblich. In der gemäßigten Klimazone ist die Erbse als Körnerhülsenfrucht und als Gemüse die wichtigste Leguminosenart in der menschlichen Ernährung. Lediglich *Phaseolus*-Bohnen weisen im weltweiten Vergleich einen etwas größeren flächenmäßigen Anbauumfang auf; in der Produktion an Körnern werden von Erbsen und *Phaseolus*-Bohnen etwa die gleichen Mengen erzeugt.

Die für den Anbau von Erbsen nahezu ausschließlich zu berücksichtigende Unterart ssp. *sativum* wird systematisch in mehrere Konvarietäten eingeteilt. Es handelt sich um convar. *axiphium*, die Zuckererbse (axíphius = ohne schwertförmige Früchte), convar. *medullare*, die Markerbse (*medulláres* markig, mit Mark versehen), convar. *sativum*, die Schal- oder Palerbse, und convar. *speciosum* die Futtererbse oder Pe-

Erbsenpflanzenbestand

Erbsenpflanze, halbblattlos

luschke (*speciósus* = prächtig, schön). Die Unterscheidung in Pal- und Markerbse ist im Hinblick auf den Anbau sowie die Nutzung von Interesse. Bei der Palerbse sind die Samen rund und glatt, der Stärkegehalt im Korn beträgt ca. 45%, und die Stärkekörner sind oval geformt. Der Anteil an Amylose erreicht ca. 38% im Samen, der Anteil an Amylopektin etwas über 60%. Die Sorten dieser Erbse sind als Trockenspeiseerbsen geeignet; sie werden nach dem Kochen weich. Demgegenüber ist bei der Markerbse die Samenoberfläche runzelig, der Anteil der Stärke liegt etwas über 30%, und die Stärkekörner sind radiär gespalten. Die Gehalte an Amylose und Amylopektin im Samen erreichen 65 bzw. 35%. Markerbsen sind als Trockenspeiseerbsen nicht geeignet, da sie beim Kochen nicht weich werden. Ein wichtiger Unterschied liegt auch im Zuckergehalt des Samens, der bei der Palerbse ca. 5 bis 6% beträgt, während er bei der Markerbse etwas über 10% erreicht. In den grünen Samen finden sich bei der Markerbse um 25% Zucker.

Erbsen sind einjährige Pflanzen. Die Bestellung erfolgt im zeitigen Frühjahr; die Temperaturminima für die Keimung liegen bei 2 bis 3 °C. In der Jugendphase sind die Pflanzen relativ resistent gegen Frosttemperaturen (bis etwa -5 °C). Nach der Jugendentwicklung, in der vegetative Pflanzenteile aufgebaut werden, geht mit dem weiteren Längenwächstum der Sproßachsen die Anlage von Blütenständen in den Blattachseln – mit regelmäßig bis zu zwei Blüten – einher. Meist wird aber nur eine Hülse in den Blattachseln gebildet; werden (gelegentlich) zwei Hülsen angelegt, spricht man von Doppelhülsen. In den Hülsen werden bis zu zehn Samen ausgebildet. Erbsen sind strenge Selbstbefruchter, bereits in der Knopse erfolgt die Befruchtung. Das Sproßsystem ist verzweigt.

Erbsenpflanze, blattlos

Die ersten Blüten werden etwa am neunten oder zehnten Knoten gebildet; spät reifende Sorten legen erst um den 20. Knoten Blüten an. Die Blühphase erstreckt sich über einen gewissen Entwicklungszeitrum, dem entspricht auch ein uneinheitliches Abreifen.

In der Struktur des Sproßsystems können sehr verschiedene Typen unterschieden werden. Die Länge der Sproßachsen kann eine charakteristische Eigenschaft des jeweiligen Erbsenkultivars sein. Buschige und stärker auseinander wachsende Typen sind zu unterscheiden. Ferner ist ein Fasciata-Typ bekannt, bei dem eine Veränderung im oberen Teil der Sproßachse vorliegt. Hierdurch kommt es zu einer Verkürzung des Längenwachstums der Sproßachsen und zu einer zeitlichen Einengung der Blühphase. Die Standfestigkeit dieser Sorten ist erhöht, der Erntetermin wird einheitlicher.

Starke Veränderungen können auch bei der Ausbildung von Blättern vorliegen. So unterscheidet man einen blattlosen und einen halbblattlosen Wachstumstyp. Beim blattlosen Typ werden keine Blattspreiten mehr entwickelt, die vegetative Masse wird nur von den Sproßachsen und Ranken gebildet. Beim halbblattlosen Typ finden sich noch Teilblattspreiten. Diese Formen weisen im ganzen eine größere Standfestigkeit auf, so daß die Pflanzen nicht durch Lagern beeinträchtigt werden; auch die Erntebedingungen sind verbessert.

Erbsen reagieren auf die Tageslänge, wobei durch Langtagbedingungen der Übergang von der vegetativen zur generativen Organbildung gefördert wird. Die Kultivare weisen unterschiedliche Vegetationsdauer auf. Sorten mit einer langen Wachstumsdauer reagieren insgesamt empfindlicher auf die Tageslänge.

Erbse, Ertragsstruktur (Markerbse, Palerbse)

Die Ertragsstruktur wird im Erbsenanbau durch die Anzahl der Pflanzen auf der Fläche sowie die Verzweigung der Einzelpflanzen bestimmt. Ferner sind die fruchtbaren Nodien für die Anzahl der gebildeten Hülsen von Bedeutung. Meist wird nur eine Hülse am Knoten angelegt. Die Anzahl der Samen in der Hülse ist variabel, es können bis zu zehn Samen gebildet werden. Das Tausendkorngewicht kann als sortentypische Eigenschaft sehr variieren, Werte zwischen 100 bis 400 g lassen sich nachweisen.

Linse

Lens culinaris Medik. (*Lens* = röm. Name für Linse; *culináris* = zur Küche gehörig); engl. *lentil*, fanz. *lentille*, span. *lenteja*. Einjährige Pflanzen; Familie Leguminosae = Fabaceae (Hülsenfrüchtler); diploide Genomstruktur (2n = 2x = 14; x = 7). Ernteteil: Samen (überwiegend zwei Keimblätter). Inhaltsstoffe: Kohlenhydrate ca. 52%, Eiweiß ca. 24%, Fett ca. 1,4% (Wasser ca. 12%).

Die Linse ist eine alte Kulturpflanze, die in Vorderasien domestiziert wurde. Sie gehört zu den ersten Pflanzenarten, die mit der Entwicklung des Menschen zum Ackerbauer in systematische Nutzung genommen wurde. Zunächst wurden Linsen in der warm-gemäßigten Klimazone sowie in den subtropischen Gebieten der Alten Welt angebaut (Mittelmeerraum, Nordafrika und Südwestasien). Linsen wurden dann mit dem Ackerbau auch in asiatische (Indien, China) und europäische Gebiete verbreitet. Heute findet sich der Anbau insbesondere in Regionen mit warm-gemäßigtem Klima sowie unter subtropischen Bedingungen.

Linse, Ertragsstruktur

Linsenpflanze

In der Bundesrepublik findet sich gelegentlich der Anbau von Linsen; es handelt sich um warme und trockene Standorte.

Genutzt werden die reifen Samen, die ein schmackhaftes Nahrungsmittel darstellen. Die Samen können unzerkleinert aufgekocht und als Brei oder Suppen verarbeitet werden. Sie werden auch gemahlen und als Mehl für Suppen oder in Mischung mit Getreidemehl in Backwaren verwertet. Grüne Hülsen eignen sich als Gemüse.

Die Pflanzen sind weich behaart. Die Sproßsysteme verzweigen sich stark, die

Stengel sind dünn. Die Blätter im oberen Teil der Pflanze weisen an der Spitze eine Ranke auf. Die kleinen Blüten (< 1 cm) werden an 2 bis 3 cm langen Stielen in den Blattachseln angelegt. Die Samen sind abgeplattet und in der Farbe zwischen gelbgrün bis rötlichbraun (auch blau). Der Durchmesser der Samen liegt zwischen 4 bis 7 mm, die Dicke bei 1,5 bis 3 mm; daraus ergibt sich die Form einer bikonvexen Linse bzw. eines Diskus. Die Pflanzen sind Selbstbefruchter.

Der Anbau ist auf relativ trockenen und armen Standorten möglich. Voraussetzung ist ein warmes Klima, wie es z. B. im Mittelmeerraum vorliegt. Die Temperaturminima der Keimung liegen bei ca. 5 °C. Die Vegetationsdauer ist mit 100 bis 125 Tagen relativ kurz. Während der Blüte ist eine warm-trockene Witterung günstig.

Die Ertragsstruktur ergibt sich aus der Anzahl der Pflanzen/Fläche. Die Pflanzen sind stark verzweigt. Die Anzahl der Hülsen/Pflanze ist sehr variabel. Die Hülsen enthalten einen bis drei Samen. Das Tausendkorngewicht ist eine sortenspezifische Eigenschaft; die Werte können zwischen 30 und 60 g liegen.

Gartenbohne (Fisole, Busch-, Stangenbohne)

Buschbohnenbestand

Stangenbohne, reife Pflanzen

Buschbohne

Phaseolus vulgaris L. ssp. **vulgaris**; (*Phaséolus* = griech. *pháselos* (*φάσηλος*), Name für Bohne; *vulgáris* = gewöhnlich); engl. *common bean*, franz. *haricot*, span. *judia*. Einjährige Pflanzen; Familie Leguminosae = Fabaceae (Hülsenfrüchtler); diploide Genomstruktur (2n = 2x = 22; x = 11). Ernteteil: Samen (überwiegend zwei Keimblätter). Inhaltsstoffe: Kohlenhydrate (Stärke) ca. 48%, Eiweiß ca. 21%, Fett ca. 1,6% (Wasser ca. 11%).

Die Gartenbohne (*Phaseolus*-Bohne) gehört zur Tribus der Bohnenartigen (Phaseoleae). Es werden zwei Varietäten unterschieden: var. *vulgaris*, die Stangenbohne (engl. *pole bean*, franz. *haricot à rames*, span. *judia de enrame*) und var. *nanus* (*nanus* = klein, niedrig), die Buschbohne (engl. *bush bean*, franz. *nain haricot*, span. *enana judia*).

Im Feldanbau werden überwiegend Buschbohnen genutzt. Gelegentlich trifft man auch den Anbau von Stangenbohnen. Stangenbohnen sind in der Kultur arbeitsaufwendiger, bringen aber höhere Erträge als Buschbohnen. Die Buschbohne stellt flächenmäßig eine wichtige Körnerleguminosenart dar, die insbesondere in warmgemäßigten Klimaten und hier auch in relativ trockenen Anbaugebieten kultiviert werden kann.

Die Gattung *Phaseolus* umfaßt noch weitere Kulturpflanzenarten wie Feuerbohne *(Ph. coccineus)*, Tepary-Bohne *(Ph. acutifolius)*, Mattenbohne *(Ph. aconitifolius)*, Mondbohne *(Ph. lunatus)*, Urdbohne *(Ph. mungo)* u. a..

Die *Phaseolus*-Bohne stammt aus Süd- bzw. Mittelamerika und ist nach archäologischen Funden bereits 5000 v. Chr. Bestandteil des Ackerbaus indianischer Kulturen gewesen.

In der Herkunft sind für diese Kulturpflanzenart Gebirgslagen mittlerer Höhe

(500 bis 1000 m über NN) charakteristisch. Nach der Entdeckung Amerikas gelangten die Bohnen nach Europa und haben sich rasch in den warmen und gemäßigt-warmen Gebieten Europas verbreitet. Auch eine Übernahme in die pflanzenbaulichen Kulturen Asiens und Afrikas erfolgte rasch. *Phaseolus*-Bohnen können bis in hohe Breiten (Skandinavien) unter Freilandbedingungen angebaut werden, wenn frühreifende Sorten verwendet werden.

Die wirtschaftliche Bedeutung der *Phaseolus*-Bohnen ist erheblich. Die weltweite Statistik unterscheidet allerdings nicht zwischen den verschiedenen Bohnenarten, sondern faßt diese als „Trockenbohnen" zusammen.

Wahrscheinlich ist die Anbaufläche weltweit etwas größer als die der Faba-Bohnen. Für warme Klimate sind die *Phaseolus*-Bohnen eine bedeutende Eiweißquelle in der menschlichen Ernährung.

Der Eiweißgehalt der Samen liegt bei etwa 25%; die Qualität der Eiweiße in bezug auf die essentiellen Aminosäuren ist günstig. Neben der Nutzung reifer (trockener) Samen werden unreife Hülsen mit unreifen Samen auch als Gemüse verwendet. Zwischen den Nutzungsformen des Bohnenanbaus in landwirtschaftlicher bzw. gärtnerischer Kultur bestehen zwar grundsätzlich keine Unterschiede, die Erzeugung von trockenen Samen dürfte aber in der Nutzungsform landwirtschaftlich angebauter Bohnen überwiegen (vgl. Feldgemüse, Seite 191 ff.).

Der Vegetationsverlauf der Buschbohnen (Stangenbohnen) ist durch Anpassung an warme Klimate gekennzeichnet. Die Temperaturminima der Keimung liegen bei ca. 8 bis 10 °C. Die Samen keimen epigäisch, die Keimblätter werden vom Hypokotyl über die Erdoberfläche gezogen. Die Hauptwachstumsphase wird ebenfalls unter warmen Standortbedingungen gefördert. Trockenheit wird von *Phaseolus*-Bohnen gut ertragen. Die Empfindlichkeit gegen niedrige Temperaturen ist ausgeprägt;

Buschbohne, Ertragsstruktur

bereits oberhalb von 0 °C (um ca. 4 °C) treten Störungen im Wachstum auf, die Blätter verfärben sich (Gelbwerden). Bei 0 °C sterben die Pflanzen auch bei kurzem Einwirken dieser Temperatur ab. Interessant ist die „Schlafstellung“ der Blätter; die Blätter falten sich während der Nacht zusammen, so daß die Wärmeabstrahlung reduziert wird. Buschbohnen sind Selbstbefruchter.

Die Blüten werden an kurzen Stielen in den Blattachseln gebildet. Die Blütenfarbe kann weiß, gelblich, rosa bis violett sein. Die Hülsen sind meist schmal und etwas gekrümmt. Sie enthalten vier bis zwölf Samen. Diese sind rund bis länglich (nierenförmig). Die zur Verfügung stehenden Sorten decken in ihrer Vegetationsdauer sehr unterschiedliche Anbauvoraussetzungen ab; die Vegetationsdauer liegt zwischen 80 und 150 Tagen. Die Pflanzen reifen zeitlich recht einheitlich ab.

Die Ertragsstruktur ergibt sich aus der Anzahl der Pflanzen auf der Fläche. Die Pflanzen sind verzweigt. Die Hülsen und Samen sind sortenspezifisch ausgebildet. Es sind regelmäßig mehrere Samen in der Hülse (vier bis sechs, gelegentlich bis zwölf). Die Tausenkorngewichte variieren zwischen 200 und 700 g.

Sojabohne

Glycine max (L.) Merr. (*Glycíne* = abgeleitet von griech. *glykerós* (*γλυκερός*), süß, im Sinne von angenehm; *max* = Pflanzenname in Ceylon); engl. *soya bean*, franz. *soya*, span. *soja*. Einjährige Pflanzen; Familie Leguminosae = Fabaceae (Hülsenfrüchtler); diploide (tetraploide?) Genomstruktur (2n = 2x (4x?) = 40; x = 20 oder x = 10). Ernteteil: Samen (überwiegend zwei Keimblätter). Inhaltsstoffe: Kohlenhydrate ca. 6%, Eiweiß ca. 34%, Fett ca. 18% (Wasser ca. 9%).

Die Sojabohne gehört zu der Tribus „Bohnenartige“ (Phaseoleae). Als Wildform wird *Glycine soja* angenommen, deren Verbreitung im asiatischen Raum liegt (Nordchina, Ussuri-Gebiet, Korea, Japan). Die Sojabohne als Kulturpflanze wird heute weltweit angebaut, wobei subtropische Gebiete und Übergänge zu warm-gemäßigten Zonen besonders geeignet sind. Die Züchtung hat früh reifende Sorten entwickelt. Sie ermöglichen den Anbau bis in hohe Breiten (z. B. Alaska). Allerdings sind die Erträge dann gering.

Die Sojabohne dürfte in Nordchina in Kultur genommen worden sein (ca. 1500 v. Chr.), sie wurde als Kulturpflanze nach Amerika und Europa eingeführt. Allerdings erfolgte eine starke Verbreitung erst, als die Sojabohne zur Erzeugung von Öl verwendet wurde (1920/30). Die Anbaufläche ist heute weltweit mit über 50 Mio. ha für die ölerzeugenden Kulturpflanzen der bei weitem umfangreichste Anbau.

Die wirtschaftliche Bedeutung der Sojabohne beruht auf der Doppelnutzung als Öl- und Eiweißpflanze; die Ölgehalte können sortenabhängig bis über 20% liegen, die Eiweißgehalte erreichen bis zu 40%. Das Extraktionsschrot, das nach der Ölgewinnung zurückbleibt, bestimmt erheblich den ökonomischen Wert der Ernte (35 bis 40%).

Sojabohnenbestand

Das Eiweiß ist biologisch hochwertig; die bei Pflanzen meist den ernährungsphysiologischen Wert begrenzenden essentiellen Aminosäuren sind im Sojabohneneiweiß mit hohen Konzentrationen vorhanden (z. B. Isoleuzin, Leuzin, Valin, Lysin, Arginin). Die Rückstände der Ölgewinnung werden daher regelmäßig als ein wertvolles Futter verwendet (Rinder- und Schweinehaltung). Unreife Samen können als Gemüse genutzt werden. Reife Samen haben einen unangenehmen Geschmack und weisen z. T. auch toxisch wirkende Stoffe auf (Saponine, Proteasehemmer, goitrogene Verbindungen).

Durch mikrobielle Umsetzungen wird Sojasoße erzeugt. Aus gemahlenen Bohnen kann Sojamilch gewonnen werden. Fällt man das Sojaeiweiß mit Säuren und Salz aus, kann man Sojaquark herstellen. Sojakeimlinge dienen als Gemüse. Aus dem Sojaeiweiß kann ein „Kunstfleisch" (texturierte Proteine) hergestellt werden. Sojamehle sind nach dem Toasten zur Entbitterung und Inaktivierung von Enzymen in

Sojabohnenpflanze in Blüte

verschiedenen Verarbeitungsmethoden für unterschiedliche Zwecke herzustellen. Sojalecithin wird als Emulgator für Lebensmittel verwendet. Aus dem Sojamehl und dem Sojaeiweiß können in technischen Verfahren Klebstoffe, Imprägnierungsverbindungen, synthetische Fasern etc. hergestellt werden.

Sojabohnenpflanze mit Hülsenansatz

Die Temperaturminima der Keimung liegen bei der Sojabohne etwa bei 8 bis 10 °C. Der Keimvorgang verläuft epigäisch, d. h., die Keimblätter gelangen über die Erdoberfläche.

Zunächst durchläuft die Pflanze eine Jugendphase, deren Dauer temperaturabhängig ist. Bei niedrigen Temperaturen erfolgt nur eine langsame Entwicklung. Überwiegend sind die Sojabohnenkultivare Kurztagpflanzen, d. h., unter den Langtagbedingungen hoher Breiten wird die Blütenanlage verzögert. Etwa mit dem vierten bis achten Knoten an den Sproßachsen werden Blüten in den Blattachseln angelegt. Diese sind mit 5 bis 7 mm Länge relativ unscheinbar, die Farbe ist weiß oder lila. Sojabohnen sind überwiegend Selbstbefruchter.

Das Hauptwachstum der Sojabohne wird durch warme Temperaturen gefördert, im europäischen Gebiet sind daher auch die wärmeren Regionen bevorzugte Anbaugebiete (Jugoslawien, Ungarn, Rumänien, Italien, Südfrankreich). Es stehen zahlreiche Kultivare mit unterschiedlicher Vegetationsdauer zur Verfügung. Extrem früh reifende Sorten zeigen eine gewisse Tagneutralität. Diese Sorten können innerhalb von 30 bis 40 Tagen zur Blüte gelangen und benötigen bis zur Ernte ca. 100 Tage.

Die Ertragsleistungen dieser Kultivare sind allerdings niedrig. Leistungsfähige Sorten benötigen eine Vegetationsdauer von etwa 150 Tagen. Unter diesen Voraussetzungen ist die Sojabohne für Gebiete in der Bundesrepublik Deutschland immer noch nicht anbauwürdig.

Die Ertragsstruktur ergibt sich aus der Anzahl der Pflanzen auf der Fläche, der

Sojabohne, Ertragsstruktur

Verzweigung als Grundlage der Hülsenanzahl pro Pflanze und der Anzahl der Samen je Hülse. Die einzelne Pflanze kann zwischen 100 bis 150 Hülsen aufweisen. Der Samenbesatz kann variieren. Innerhalb einer Pflanze wird man im Durchschnitt ca. eineinhalb bis zwei Samen/Hülse finden. 1000 Samen wiegen etwa 200 bis 250 g.

Lupinen (Weiße, Gelbe und Schmalblättrige Lupine)

Lupinus spp.: **L. luteus** L., **L. albus** L., **L. angustifolius** L. (*Lupínus* = röm. Name für Lupine; *lúteus* = gelb, *álbus* = weiß, *angustifólius* = schmalblättrig); Gelbe Lupine, engl. *yellow lupin*, franz. *lupin jaune*, span. *altramuz amarillo*; Weiße Lupine, engl. *white lupin*, franz. *lupin blanc*, span. *altramuz blanco*; Schmalblättrige Lupine, engl. *blue lupin*, franz. *lupin bleu*, span. *altramuz azul*. Einjährige Pflanzen; Familie Leguminosae = Fabaceae (Hülsenfrüchtler); polyploide Genomstrukturen (*L. luteus*; 2n = (?x) = 52; *L. albus*: 2n = (?x) = 50; *L. angustifolius*: 2n = (?x) = 40; Grundzahlen wahrscheinlich x = 5 oder 6). Ernteteil: Samen (überwiegend zwei Keimblätter). Inhaltsstoffe: Kohlenhydrate ca. 10 bis 20%, Eiweiß ca. 30 bis 40%, Fett ca. 4 bis 10% (Wasser ca. 12%); Alkaloide: „Süßlupinen" ca. 0,05%, „Bitterlupinen" bis ca. 6%.

Die Samenproduktion dürfte nur selten den Anbau der Lupinen begründen. Regelmäßig werden Lupinen aber als Gründüngungspflanzen verwendet, wobei die Nutzung des Luftstickstoffs über die Knöllchenbakterien sowie auch das mechanische und chemische Aufschlußvermögen der Wurzelsysteme dieser Pflanzenarten interessant ist.

Lupinen sind auch als Zierpflanzen in gärtnerischer Kultur zu finden. In Ländern des Mittelmeerraums sowie außereuropäischen Ländern werden Lupinen auch für die menschliche Ernährung verwendet. Darüber hinaus besteht die Möglichkeit, die Grünmasse frisch oder getrocknet zu verfüttern.

Bei den Lupinen handelt es sich um junge Kulturpflanzen; lediglich die Weiße Lupine dürfte bereits einige Jahrhunderte v. Chr. im Mittelmeerraum als anbauwürdige Pflanzenart - wahrscheinlich als Gründüngungspflanze - bekannt gewesen sein. Die beiden anderen Lupinenarten (*L. luteus* und *L. angustifolius*) waren als Zierpflanzen bereits verwendet worden, ehe sie Anfang des 19. Jahrhunderts (als Gründüngungspflanzen) im europäischen Raum angebaut wurden. Mit der züchterischen Entwicklung von „Süßlupinen" wurde es möglich, die Lupinen auch als „Körner-Pflanze" zu nutzen.

Das äußere Bild der Lupinen ist durch runde, kräftige, aufrechte Stengel gekennzeichnet, an denen - überwiegend im oberen Teil der Hauptsproßachse - Verzweigungen zu finden sind. Die Blätter sind fingerförmig gegliedert. Die Blüten sind endständig in einer traubigen Struktur an der Hauptsproßachse sowie an den Seitensproßachsen angeordnet. Bei der *Gelben Lupine* sind die Blüten gelb und weisen einen angenehmen Geruch auf. Bei dieser Art überwiegt Fremdbefruchtung. Die Samen sind rundlich bis nierenförmig und

Weiße Lupine, Feldbestand

Gelbe Lupine, Feldbestand

Weiße Lupine, Einzelpflanze

liegen im Tausendkorngewicht bei etwa 100 bis 150 g.

Die *Schmalblättrige Lupine* weist ebenfalls eine fingerförmige Gliederung der Blätter auf; die einzelnen Blättchen sind lang und schmal gestaltet. Die Blüten (ebenfalls endständig, traubenförmig angeordnet) sind überwiegend blau bis rosa gefärbt. Die Samen sind rundlich und bauchig geformt. 1000 Körner wiegen 100 bis 200 g. Die Schmalblättrige Lupine ist überwiegend Selbstbefruchter.

Die *Weiße Lupine* ist in den Sproßteilen leicht seidig-zottig behaart. Die fingerförmig aufgegliederten Blätter sind verkehrt eiförmig und etwa 3 bis 4 cm lang. Die Blüten sind weiß mit bläulicher Anfärbung in den Blütenblattspitzen. Die Samen sind groß und erreichen Tausendkorngewichte um 400 g.

Zu den charakteristischen ökologischen Eigenschaften der Lupinen ist zu vermerken, daß die Gelbe Lupine auch noch auf leichten, sandigen Standorten ausgezeichnet wächst; sie ist empfindlich gegen kalkhaltige Böden. Auch gegen niedrige Temperaturen ist diese Lupinenart widerstandsfähig.

Die Schmalblättrige Lupine benötigt dagegen bessere Böden. Dies beruht insbesondere auf den höheren Wasseransprüchen. Diese Lupinenart ist aber nicht so

Gelbe Lupine, Einzelpflanze

kalkempfindlich wie die Gelbe Lupine. Auch die Schmalblättrige Lupine ist verhältnismäßig widerstandsfähig gegen niedrige Temperaturen.

Die Weiße Lupine ist auf gute Bodenverhältnisse (nährstoffreich, geregelter Wasserhaushalt) sowie auf im Durchschnitt höhere Temperaturen angewiesen. Die Kalkverträglichkeit der Weißen Lupine ist

Schmalblättrige Lupine, Einzelpflanze

ausgeprägt; das Wachstum auf sauren Böden ist dagegen beeinträchtigt.

Wie zahlreiche Leguminosenarten weisen auch die Lupinen in ihren Geweben sekundäre Pflanzenstoffe (Alkaloide) auf, die einen bitteren Geschmack und toxische Wirkungen zur Folge haben. Durch Züchtung ist es Anfang des 20. Jahrhunderts gelungen, bitterstofffreie Lupinen zu entwikkeln. Diese Formen können zusammen mit der Grünmasse als Viehfutter genutzt werden. Aber auch die Samen, die ebenfalls alkaloidarm sind, stehen als Futter zur Verfügung.

Schließlich können die Samen in der alkaloidarmen Form auch für die menschliche Ernährung verwendet werden. Im Mittelmeerraum war es früher üblich, bei den Samen der Weißen Lupinen durch Kochen und Einweichen in Wasser den überwiegenden Teil der Alkaloide aus der Samenmasse auszulaugen und dann diese ernährungsphysiologisch wertvollen Samen als Nahrungsmittel zu nutzen.

Die Samen enthalten zwischen 35 und über 40% Eiweiß. Das Lupineneiweiß ist hochwertig; als limitierende Aminosäuren sind Methionin und Tryptophan zu nennen. Die Verdaulichkeit des Eiweißes ist günstig zu beurteilen. Durch Züchtung können die

Weiße, Gelbe, Schmalblättrige Lupinen, Ertragsstruktur

Ölgehalte in den Samen deutlich erhöht werden, Fettgehalte bis zu 25% wurden in einzelnen Zuchtlinien nachgewiesen. Auch die Eiweißgehalte in der Grünmasse sind verhältnismäßig hoch. Die Ertragsstruktur ist durch die Anzahl der Pflanzen auf der Fläche, die Anzahl der Hülsen je Pflanze, die Anzahl der Samen je Hülse und das Samengewicht (Tausendkorngewicht) gekennzeichnet.

Wurzel- und Knollenfrüchte

Mit dem Anbau von Wurzel- und Knollenfrüchten werden vegetative Pflanzenteile als Ernteprodukte erzeugt. Bei den *Wurzelfrüchten* sind „Rüben" das Ernteprodukt. Es handelt sich um hypertrophierte Pflanzenteile, in deren Gewebe Assimilate als Vorratsstoffe eingelagert werden. Meist sind Wurzelfrüchte zweijährige Pflanzen. Im ersten Jahr entwickeln sich vegetative Sproßteile und der Rübenkörper. Die Pflanzen überwintern mit dem Rübenkörper. Am oberen Teil der Rübe (Kopfteil) befinden sich Sproßknospen, aus denen im zweiten Vegetationsjahr - aus den im Rübenkörper gespeicherten Assimilaten mitversorgt - ein Sproßsystem mit generativen Organen gebildet wird.

Rübenkörper werden regelmäßig in ihrem unteren Teil aus Wurzelgewebe, im mittleren Bereich aus dem Hypokotyl und im oberen Abschnitt aus dem Sproßansatz (Epikotyl) gebildet. Die Anteile an der Rübe können bei den Arten und Sorten sehr unterschiedlich sein. Als Einheit ergibt sich aus diesen hypertrophierten Geweben die „Rübe". Die Herkunft des unteren Teils der Rübe läßt sich für den Abschnitt, der aus Wurzelgewebe aufgebaut ist, an den Seitenwurzeln erkennen, die sich am Rübenkörper befinden. Der mittlere Abschnitt aus dem Hypokotyl zeigt dagegen keine Wurzelanlagen (und auch keine Blätter). Der oberste Teil des Rübenkörpers hat Knospenanlagen, aus denen sich Blätter entwickeln. Diese bilden im ersten Jahr eine Blattrosette. Im zweiten Jahr - nach dem Überwintern des Rübenkörpers - kommt es zum Streckungswachstum, und aus der Blattrosette wird ein mehr oder weniger umfangreiches Sproßsystem mit generativen Organen gebildet.

Bei *Knollenfrüchten* handelt es sich um Pflanzen, die im Boden als Vermehrungsorgane (meist zahlreiche) Einzelknollen anlegen. Diese werden mit Assimilaten bevorratet. Nach dem Absterben der Pflanze verbleiben die Knollen im Boden und bilden die Grundlage für die Neuentwicklung von Pflanzen. Knollen sind unterirdisch angelegte Teile des pflanzlichen Sproßsystems. Sie entstehen als Verdickungen am Ende von unterirdischen Sproßausläufern (Stolonen). Knollenfrüchte sind grundsätzlich einjährige Pflanzen. Die vegetative Vermehrung der Pflanzenart beruht auf der Klonierung; die Knollen weisen als Teile des vegetativen Pflanzenkörpers Erbanlagen auf, die mit denen der Pflanze, an der die Knollen gebildet wurden, identisch sind.

Zuckerrübe und Futterrübe (Beta-Rüben)

Beta vulgaris L. ssp. **vulgaris** var. **altissima** Döll = Zuckerrübe; **Beta vulgaris** L. ssp. **vulgaris** var. **alba** DC. = Futterrübe (Béta = röm. Name für Rübe; *vulgáris* = gewöhnlich; *altíssimus* = sehr hoch, *álbus* = weiß); Zuckerrübe: engl. *sugar beet*, franz. *betterave sucrière*, span. *remolacha azucarera*; Futterrübe: engl. *fodder beet*, franz. *betterave fouragère*, span. *remolacha forragera*.

Zweijährige Pflanze; Familie Chenopodiaceae (Gänsefußgewächse); diploide Genomstruktur ($2n = 2x = 18$; $x = 9$). Ernteteil: Rübe (hypertrophierte Wurzel-, Hypokotyl- und Sproßgewebe). Inhaltsstoffe: (Futterrübe bzw. Zuckerrübe) Kohlenhydrate (Zucker) ca. 9% bzw. ca. 19% (Wasser ca. 75%).

Zucker- und Futterrübe gehören als Varietäten der gleichen Unterart an. In der Unterart *Beta vulgaris* ssp. *vulgaris* sind als Varietäten auch der Mangold (var. *vulgaris*), der Stielmangold (var. *flavescens*), die Rote Bete (var. *conditiva*) und die Gelbe Bete (var. *lutea*) eingeordnet (*vulgáris* = gewöhnlich; *flavéscens* = gelb werdend; *conditívus* = zum Einlegen bestimmt; *lúteus* = gelb).

Die Zucker- und Futterrüben sind als Varietäten nah miteinander verwandt und zeigen daher auch nur in wenigen Eigenschaften des vegetativen (und generativen) Wachstums Unterschiede.

Die Herkunftsgebiete für *Beta vulgaris* ssp. *vulgaris* liegen im Mittelmeerraum. Hier erfolgte auch die Domestikation, wo-

Beta-Rübenstand

bei die Pflanzen zunächst nur als Blattgemüse verwendet wurden. Erst in späterer Zeit der Ackerbauentwicklung haben sich in Europa auch Formen gebildet, bei denen die Rübenkörper genutzt wurden. Mitte des 18. Jahrhunderts begann man, den im Rübenkörper vorhandenen Zucker zu gewinnen. Bei den ersten (Zucker-)Rüben lag die Zuckerkonzentration um ca. 6%; heute erreichen Zuckerrüben bis zu 20%.

Im gemäßigten Klimaraum stellt die Zuckerrübe die Grundlage der Zuckerproduktion dar. In tropischen Gebieten wird statt dessen Zuckerrohr angebaut. Zuckerrüben haben unter Berücksichtigung der für den Anbau geeigneten Klimaräume in der ackerbaulichen Nutzung erhebliche Bedeutung. In den letzten Jahrzehnten ist es auch zu einem verstärkten Anbau von Zuckerrüben in subtropischen Gebieten gekommen; vielfach handelt es sich um sogenannte Winterrüben. Die Bestellung dieser Rüben erfolgt im Herbst, so daß die Hauptwachstumszeit der Rüben in der kühlen und feuchten Jahreszeit liegt.

Der Vegetationsverlauf bei *Beta*-Rüben ist zweijährig. Im Hinblick auf die Temperaturminima der Keimung (ca. 6 °C) wird erst im späten Frühjahr ausgesät. Nach dem Auflaufen der Pflanzen entwickeln sich Blattrosetten (Jugendphase). In diesem Entwicklungsabschnitt wird auch der Rübenkörper auf der Grundlage sekundären Dickenwachstums angelegt. Es bilden sich zahlreiche Kambiumringe, die den Rübenkörper strukturieren. Mit der Ausbildung der Blattrosette (ca. 20 Blätter) beginnt die Hauptwachstumsphase, in der sich der Rübenkörper – im wesentlichen auf der Grundlage des bereits vorhandenen Gewebes – stark vergrößert. Gleichzeitig erfolgt die Einlagerung von Assimilaten (Zucker = Saccharose). In der Blattrosette kommt es zu einem Gleichgewicht zwi-

Zuckerrübenpflanze, Rübenkörper

schen (ständig) neu gebildeten und alten Blättern, die absterben. Die Anzahl der Blätter in der Blattrosette bleibt für die Dauer der Hauptwachstumsphase daher etwa gleich.

Zur Ernte im Herbst werden die Rübenkörper geköpft, d. h., die Blattrosetten werden abgeschlagen. Dann rodet man die Rüben. In den Zuckerfabriken werden die Rüben zerkleinert (Schnitzelherstellung), anschließend werden die Schnitzel extrahiert. Die Schnitzel können als Rückstände verfüttert werden. Der Rohsaft mit den gelösten Bestandteilen – insbesondere Zucker – wird gereinigt; es verbleibt der Dünnsaft mit Zucker (und einigen weiteren löslichen Bestandteilen). Das Wasser wird verdampft. So entsteht ein Dicksaft, der zentrifugiert wird. Als Endprodukt dieses Verfahrens wird der Zucker gewonnen; daneben fällt die Melasse („Restsirup") an. Es handelt sich um Dicksaft, aus dem mit den in

Beta-Rübenpflanze, „Schosser"

Futterrübenpflanze im Bestand

der Zuckerfabrik üblichen Verfahren kein Zucker mehr gewonnen werden kann. Melasse ist ein wertvolles Futtermittel.

Die Ertragsstruktur im Anbau von Zuckerrüben ergibt sich aus der Anzahl der Pflanzen auf der Fläche, dem durchschnittlichen Gewicht der Rübenkörper sowie dem Gehalt an Zucker. Außerdem ist die Gewinnbarkeit des Zuckers zu berücksichtigen, da Anteile des Zuckers in den Schnitzeln und gelöst in der Melasse verbleiben.

Für die Erzeugung des Zuckerrübensaatgutes sind die Rüben zweijährig anzubauen. Im ersten Jahr werden Rüben angezogen, die bei einer hohen Bestandesdichte verhältnismäßig kleine Rübenkörper entwickeln. Die Rüben werden gerodet, eingemietet und nach der Überwinterung ausgepflanzt. Aus den Rübenkörpern entwickeln sich die Sproßsysteme mit Blüten. Die Blüten sind zu einem Knäuel mit bis zu vier (gelegentlich auch mehr) Einzelblüten vereint; bei den heute weit verbreiteten monogermen Sorten werden in den Achseln der Hochblätter des Blütenstandes nur Einzelblüten angelegt. Die *Beta*-Rüben sind Fremdbefruchter. Nach der Bestäubung und der Entwicklung der Samen und Früchte werden die Sprosse geschnitten und gedroschen; die Früchte fallen als Saatgut an. Die befruchteten Blüten und Samen bleiben in den vereinten Einzelblüten als „Knäuel" miteinander verwachsen. Saatgut aus diesen „Knäueln" ist dann mehrkeimig. Die heute angebauten Zuchtsorten sind überwiegend aufgrund der einblütigen Struktur der Knäuel einkeimig. Nach dem Auflaufen des einkeimigen Saatgutes müssen die Bestände daher (grundsätzlich) nicht mehr vereinzelt werden. Zuchtsorten sind heute auch vielfach triploid, d. h., die Genomstruktur weist $3x = 27$ Chromosomen auf. Triploide Sorten gelten als beson-

Futterrübenpflanze, Rübenkörper

ders leistungsfähig. Das Saatgut muß vom Züchter für jede Aussaat über Kreuzungen erneut hergestellt werden.

Zuckerrüben (und Futterrüben) entwickeln gelegentlich bereits im ersten Jahr Sproßsysteme mit Blüten. Diese „Schosser" sind Pflanzen, die ohne einen zweijährigen Rhythmus bereits im ersten Jahr die generative Phase erreichen. Schosserbildung wird durch niedrige Temperaturen (unter 10 °C) während der Jugendphase gefördert. Für die Ertragsleistung des Bestandes sind Schosser ungünstig zu beurteilen, da sie eine kleine und stark verholzte Rübe aufweisen.

Die *Futterrübe* unterscheidet sich von der Zuckerrübe im wesentlichen durch einen deutlich geringeren Zuckergehalt im Rübenkörper. Die Rüben selbst sind meist größer als die Rübenkörper der Zuckerrüben, wobei der Anteil des Hypokotyls an der Ausbildung der Rübe überwiegt.

Die Sorten können Färbungen des Rübenkörpers von weiß, gelblich und rot aufweisen. Der Kopf hat meist eine leicht grünliche Anfärbung. Da der Rübenkörper im wesentlichen aus hypertrophiertem Hypokotylgewebe besteht, ragen die Futterrüben regelmäßig mit dem größeren Teil des Rübenkörpers über die Erdoberfläche hinaus.

Futterrüben werden ausschließlich als Viehfutter genutzt. Die Rüben werden im Herbst geerntet, gelagert und im Laufe des Winters verfüttert. Für die innerbetriebliche Futterversorgung stehen die Rübenblätter ebenfalls zur Verfügung. Sie werden vor der Ernte durch Köpfen von den Rüben getrennt und frisch verfüttert oder auch siliert.

Der Vegetationsablauf entspricht den Verhältnissen, die bei der Zuckerrübe dargestellt sind. Dies gilt auch für die Anbautechnik und Ernteverfahren.

Kohlrübe (Wruke, Steckrübe)

Brassica napus L. emend. Metzg. var. **napobrassica** (L.) Rchb. (*Brássica* = röm. Name für Kohl; *napobrássica: nápus* = Rapskohl, *brássica* = Kohl); engl. *Swedish turnip*, franz. *rutabaga*, span. *colinabo*. Zweijährige Pflanzen; Familie Brassicaceae = Cruciferae (Kreuzblütler); alloploide Genomstruktur (2n = 4x = 38; x = 10 und 9). Ernteteil: Rübe (hypertrophierte Wurzel-, Hypokotyl- und Sproßgewebe). Inhaltsstoffe: Kohlenhydrate ca. 7%, Eiweiß ca. 1%, Fett ca. 0,2% (Wasser ca. 90%). Geschmacksstoffe sind Glukosinolate.

Die Kohlrübe gehört zu den zahlreichen Kulturpflanzen, die sich in der Gattung *Brassica* entwickelt haben (vgl. Tabelle Seite 61). Sie steht in enger Verwandtschaft zum Raps, beide Kulturpflanzen sind Varietäten von *Brassica napus*.

Weitere *Brassica*-Arten, die als Kulturpflanzen genutzt werden, sind die Kohlvarietäten, ferner Senf, Rübsen und Stoppelrübe.

Bei der Kohlrübe handelt es sich um einen Rübenkörper, der überwiegend aus Hypokotylgewebe aufgebaut ist; daneben sind Wurzel- und Sproßanteile als untere und obere Abschnitte vorhanden. Die Domestikationszentren der Kohlrübe dürften im Mittelmeerraum liegen.

Die Inkulturnahme ist erst verhältnismäßig spät (wahrscheinlich im 16./17. Jahrhundert) im kühl-gemäßigten Klima Europas erfolgt.

Kohlrübenbestand

Kohlrübe im Bestand

Das Ernteprodukt sind die überwiegend aus dem Hypokotyl aufgebauten Rübenkörper. Die „Fleisch"-Farbe liegt zwischen weiß und gelb; gelbe Kohlrüben werden als Gemüse für die menschliche Ernährung bevorzugt. Der spezifische, etwas scharfe Geschmack der Kohlrüben rührt von den Glukosinolaten her. Es sind für die Familie der Kreuzblütler typische sekundäre Pflanzenstoffe.

Der überwiegende Teil der Ernte dient der Viehfütterung. Der Trockensubstanzanteil ist hoch (10 bis 12%), die Verdaulichkeit gut. Die Kohlrübe ist nicht lange lagerfähig, so daß die Ernte relativ rasch verfüttert werden muß.

Der Anbauumfang von Kohlrüben ist noch vor 100 Jahren recht bedeutend gewesen; überwiegend wurden die Rüben (z. T. auch die Blätter) verfüttert. Heute werden die leistungsfähigeren Futterrüben *(Beta vulgaris)* sowie Silomais als Futtergrundlage für die Viehhaltung angebaut.

Ein gewisser Anteil der Kohlrüben ist regelmäßig auch für die menschliche Ernährung genutzt worden. Größere Bedeutung bekam die Kohlrübe, wenn die Kartoffelernten – meist aufgrund von Krankheitsepidemien – gering ausfielen. Kohlrüben wurden dann zu einem wichtigen Grundnahrungsmittel.

Die Kohlrübe ist eine zweijährige Pflanze. Im ersten Jahr wird der Rübenkörper und eine Blattrosette gebildet. Im zweiten Jahr entwickelt sich aus der Blattrosette ein kräftiges, verzweigtes Sproßsystem, an dem endständig die Blüten gebildet werden. Morphologisch ähnelt das Sproßsystem dem der Rapspflanze.

Die Bestellung kann über Saatgut im zeitigen Frühjahr vorgenommen werden. Die Temperaturminima der Keimung liegen bei 2 bis 3 °C. Früher war es vielfach üblich, Jungpflanzen in Beeten anzuziehen und auszupflanzen; dann konnte für die Bestellung noch ein relativ später Zeitpunkt im Jahr gewählt werden. Unter günstigen Bedingungen waren Kohlrüben daher auch als Zweitfrucht nach einer früh räumenden Vorkultur mit guten Ertrags-

Kohlrübenpflanze

aussichten anzubauen. Kühle und feuchte Standorte, auf denen *Beta*-Rüben weniger günstige Wachstumsvoraussetzungen finden, können über den Anbau von Kohlrüben genutzt werden. Besonders vorteilhaft dürfte es sein, daß diese Pflanzenart auch im Herbst unter niedrigen Temperaturen noch einen erheblichen Massenzuwachs hat. Größere Anbauflächen von Kohlrüben als Futter sind nicht mehr zu finden. Geringe Mengen werden für den Markt als Gemüse angebaut.

Zur Saaterzeugung werden die Kohlrüben - man nimmt relativ kleine Rüben - unter geeigneten Lagerbedingungen überwintert und im folgenden Frühjahr ausgepflanzt. Es entwickelt sich dann das Sproßsystem mit den Blütenständen. Voraussetzung für die volle Entwicklung der Pflanze bis zur Blüte sind ausreichende Vernalisationsreize, die während der Überwinterung der Rüben wirksam werden müssen.

Stoppelrübe (Weiße Rübe, Herbstrübe)

Brassica rapa L. emend. Metzg. var. **rapa** (*Brássica* = röm. Name für Kohl; *rápa* = Rübe); engl. *turnip*, franz. *navet*, span. *nabo*. Zweijährige Pflanzen; Familie Brassicaceae = Cruciferae (Kreuzblütler); diploide Genomstruktur (2n = 2x = 20; x = 10). Ernteteil: Rübe (hypertrophiertes Wurzel-, Hypokotyl- und Sproßgewebe). Inhaltsstoffe: Kohlenhydrate ca. 4,7%, Eiweiß ca. 1%, Fett ca. 0,2% (Wasser ca. 91%). Geschmacksstoffe sind Glukosinolate.

Die Stoppelrübe ist eng mit dem Rübsen *(Brassica rapa* var. *silvestris)* verwandt (vgl. Tabelle Seite 61). Die Stoppelrübe stammt aus dem Mittelmeerraum. Die typische Nutzungsform der Stoppelrübe mit ihrer extrem kurzen Vegetationsdauer dürfte sich in Gebieten des kühl-gemäßigten Klimas in Europa im 16./17. Jahrhundert entwickelt haben.

Stoppelrüben können als ganze Pflanzen zur Frischfuttererzeugung verwendet werden. Ferner werden Stoppelrüben als Gemüse (z.B. Teltower Rübchen) angebaut. Geschmacklich ergibt sich ihre spezifische Eigenart aus den für Kreuzblütlern typischen Glukosinolaten. Das Rübenfleisch kann weiß oder gelb gefärbt sein. Die Blätter bilden sich aus dem obersten Teil des Rübenkörpers. Das hypertrophierte Hypo-

Stoppelrübe, Rübenkörper

kotylgewebe stellt den überwiegenden Teil des Rübenkörpers. Die Trockenmassegehalte sind gering (< 10 %).

Stoppelrüben haben eine kurze Vegetationsdauer, sie ergeben innerhalb von drei bis vier Monaten einen vollen Ertrag. Der Anbau kann daher – wie auch der Name andeutet – noch nach der Getreideernte im Herbst erfolgen. Die kurze Vegetationsdauer macht es auch möglich, im zeitigen Frühjahr ausgesäte Rüben bereits Ende Mai zu ernten (Mairüben). Die Temperaturminima der Keimung liegen bei 2 bis 3 °C. Die Pflanzen entwickeln sich rasch und bilden auf den kleinen Rübenkörpern eine Blattrosette.

Stoppelrüben müssen vor Eintritt der kalten Jahreszeit geerntet werden, die Frostfestigkeit ist nur gering. Es gibt gewisse Unterschiede zwischen den weiß- und gelbfleischigen Stoppelrüben. Bei den weißfleischigen handelt es sich um Typen mit einer sehr kurzen Vegetationsdauer. Diese Stoppelrüben gelangen gelegentlich bereits im ersten Jahr zur Blüte. Gelbfleischige sind dagegen in ihrer Entwicklung etwas langsamer; sie sind typische zweijährige Pflanzen, die erst nach Überwinterung (und Vernalisation) ihren vollen Entwicklungszyklus durchlaufen.

Zur Erzeugung von Saatgut muß eine Überwinterung (unter geschützten Verhältnissen) erfolgen; Vernalisationsreize sind notwendig, um die volle Entwicklung im nächsten Frühjahr auszulösen. Nach dem Austreiben im Frühjahr bilden sich kräftige Sproßsysteme, die denen des Rübsens sehr ähnlich sind.

Möhre (Karotte)

Daucus carota L. ssp. **sativus** (Hoffm.) Arcang. (*Daúcus* = röm. Name für Möhre; *caróta* = Karotte; *satívus* = angebaut); engl. *carrot*, franz. *carotte*, span. *zanahoria*. Zweijährige Pflanzen; Familie Umbelliferae = Apiaceae (Doldenblütler); diploide Genomstruktur (2n = 2x = 18; x = 9). Ernteteil: Rübe (hypertrophierte Wurzel-, Hypokotyl- und Sproßgewebe). Inhaltsstoffe: Kohlenhydrate ca. 5%, Eiweiß ca. 1%, Fett ca. 0,2% (Wasser ca. 88%). Geschmacksstoffe: Zucker, ätherische Öle (Terpene).

Möhren gehören zu den Doldenblütlern. In dieser Familie sind noch einige weitere Kulturpflanzenarten zu nennen, die als Gemüse genutzt werden, z. B. Petersilie, Sellerie, Fenchel, Pastinak.

Wildformen der Möhre sind in Europa und Asien, insbesondere auf leichten Böden, weit verbreitet. Charakteristisch ist die gelblich-rötliche Färbung der Rübe, die überwiegend auf β-Karotin zurückzuführen ist.

Die Domestikation könnte im asiatischen Raum um und in Afghanistan erfolgt sein. Mohrrüben waren bereits im Altertum in Griechenland und Rom bekannt. Ihre Verbreitung erfolgte über den Mittelmeerraum (zwölftes Jahrhundert) bis in nordeuropäische Anbaugebiete (um 1500).

Die Gestalt des Rübenkörpers ist außerordentlich vielfältig, die Farbpalette des Rübengewebes kann von weiß bis rot reichen. Die weiße Mohrrübe ist sehr wahrscheinlich in Europa domestiziert worden

Möhrenpflanzenbestand

Möhrenpflanzen im Bestand

und hat für dieses Gebiet eine eigene Tradition.

Möhren sind heute weltweit verbreitet. Für den Anbau als Gemüse steht eine Vielzahl von unterschiedlichen Rübenformen zur Verfügung. Auch die Vegetationsdauer der Mohrrübenkultivare kann sehr unterschiedlich sein. Dies ermöglicht eine ständige Produktion an frischer Ware. Neben der Verwendung als Frischgemüse werden erhebliche Mengen in der Konservenindustrie genutzt. Im landwirtschaftlichen Betrieb wurden Möhren früher überwiegend als Viehfutter angebaut, insbesondere für die Pferdefütterung.

Im Feldanbau wird heute vielfach Massenware (bei sehr hohen Flächenerträgen) mit Sorten erzeugt, die einen großen Rübenkörper entwickeln. Aus diesen Mohrrüben wird Möhrensaft sowie Rohkost hergestellt.

Die Inhaltsstoffe der Möhren sind neben Kohlenhydraten als Ballaststoffen und Zucker (6 bis 12%) durch hohe Gehalte an Karotinen sowie Vitamin C gekennzeichnet. Geschmacksbildend sind ferner Zucker und ätherische Öle (Terpene). Karotine sind das Provitamin A, das nach der Aufnahme mit der Nahrung in das Vitamin A (Retinol) gespalten wird. Der Rübenkörper ist aus Wurzel, Hypokotyl und einem untersten Teil der Sproßachse aufgebaut. An der Rübe kann man einen Holzkörper (innerer Teil der Rübe, „Herz") und das Rindengewebe unterscheiden. Der Holzkörper ist heller, er enthält weniger Farbstoffe und Zukker. Ernährungsphysiologisch ist der Rindenteil wertvoller.

Bei Möhren handelt es sich um zweijährige Pflanzen, die im ersten Entwicklungsjahr eine Blattrosette und den Rübenkörper bilden.

Das Temperaturminimum der Keimung liegt bei ca. 4 °C. Die Pflanzen sind gegen niedrige Temperaturen relativ unempfindlich. In der Jugendentwicklung wird zu-

Möhrenpflanzen, Rübenkörper

nächst die Blattrosette angelegt. Anschließend wird der Rübenkörper ausgebildet, wobei der Hypokotylteil der Rübe in den Boden gezogen wird. Sofern die obersten Teile des Rübenkörpers dem Licht ausgesetzt sind, entwickelt sich Chlorophyll (grüne Färbung des Rübenkopfes). Das Wachstum des Rübenkörpers weist abschnittsweise Unregelmäßigkeiten auf; diese spiegeln die unterschiedliche Gunst der Wachstumsbedingungen in den jeweiligen Entwicklungsphasen wider.

Zur Erzeugung von Saatgut sind die Rübenkörper über Winter zu lagern. Die Temperaturen müssen relativ niedrig liegen (0 bis 4 °C), um die für die Entwicklung notwendigen Vernalisationsreize auszulösen. Nach der Überwinterung können die Rüben gepflanzt werden. Es entwickeln sich verzweigte Sproßsysteme mit endständig angelegten Blütenständen (Doldenblüten), von denen nach der Abreife die Früchte (Doppelachänen) als Saatgut geerntet werden können.

Wurzelzichorie

Cichorium intybus L. var. **sativum** DC. (*Cichórium* = wahrscheinlich nach arab. Pflanzennamen; *íntybus* = eingeschnitten; *satívus* = angepflanzt/angebaut); engl. *coffee chicory*, franz. *chicoré à café*, span. *achicoria de raiz*. Zweijährige Pflanzen; Familie Compositae = Asteraceae (Korbblütler); diploide Genomstruktur (2n = 2x = 18; x = 9). Ernteteil: Rübe (hypertrophierte Wurzel-, Hypokotyl- und Sproßgewebe). Inhaltsstoffe: Trockenmasse ca. 20 bis 25%, davon ca. 12% Inulin; Eiweiß ca. 1%, Fett ca. 0,3% (Wasser ca. 75%).

Die Zichorie ist als Wildpflanze in Europa und Asien weit verbreitet; sie findet sich ferner in Amerika, Afrika, Australien und Neuseeland (z. T. wurde sie durch den Menschen in diese Gebiete verbreitet). Die Zichorie ist nahe verwandt mit der Gemüseart Endivie *(Cichorium endivia)*. Aus der wilden Zichorie haben sich die Varietäten *intybus* (genutzt als Salat), *foliosum* (Salatzichorie, Chicorée) und *sativum* (Wurzelzichorie) entwickelt. Insbesondere die Varietät *foliosum* hat Bedeutung, da sie im gärtnerischen Betrieb für Frischsalat und Ge-

Zichorienpflanzenbestand

müse angebaut wird. Bei Anzucht in verdunkelten Räumen lassen sich gebleichte Blätter erzeugen, die als Salatspezialität (Chicorée) verwendet werden.

Die Varietät *sativum* wird meist angebaut, um Rüben zu erzeugen (Wurzelzichorie). Die gerösteten Wurzeln werden als Kaffee-Ersatz („Kaffeewurzel") verwendet. Der Anbau findet sich in vielen Ländern, wobei die Erzeugung der Wurzeln überwiegend für die Herstellung von Kaffee-Ersatz erfolgt.

Die Pflanze und insbesondere auch die Rübenkörper enthalten Bitterstoffe (Lactucin, Lactucopikrin) ferner das für Korbblütler typische Inulin als Kohlenhydrat in den Rüben.

Bei der Wurzelzichorie handelt es sich in der kultivierten Form um eine zweijährige Pflanze. Im ersten Jahr werden die Rübenkörper und eine Blattrosette gebildet. Im zweiten Jahr entwickelt sich die Blüten-

Zichorienpflanze, die Rübenkörper werden auch „Kaffeewurzel" genannt

Zichorienpflanze, blühend (Wegwarte)

stände, bei der die von der Wildform (Wegwarte) bekannten blauen Blütenkörbe angelegt werden. Der Anbau könnte auch im Hinblick auf die Biomasse, die mit den Rübenkörpern zu erzeugen ist, interessant sein. Es lassen sich Erträge bis zu 300 dt/ha erzielen. Die Verwendung wäre als vergärbare Biomasse interessant.

Zur Erzeugung von Kaffee-Ersatz werden die Rübenkörper zerkleinert, getrocknet und anschließend geröstet. Man erhält aufgrund des kaffeeähnlichen Aromas – Grundlage sind Umsetzungsprodukte des Inulins – den gewünschten Kaffee-Ersatz. Die Produktion von Kaffee-Ersatz begründet vielfach den Anbau.

Kartoffel

Solanum tuberosum L. (*Solánum* = wahrscheinlich röm. Name für Nachtschatten; *tuberósus* = knollig); engl. *potato*, franz. *pomme de terre*, span. *patata*. Einjährige Pflanzen; Familie Solanaceae (Nachtschattengewächse); autotetraploide Genomstruktur ($2n = 4x = 48$; $x = 12$). Ernteteil: Knollen. Inhaltsstoffe: Kohlenhydrate (Stärke) ca. 15%, Eiweiß ca. 2%, Fett ca. 0,1% (Wasser ca. 78%).

Die Gattung *Solanum* umfaßt zahlreiche Arten, von denen einige in Südamerika früher von der einheimischen Bevölkerung genutzt wurden. Die Chromosomenverhältnisse sind komplex, es gibt verschiedene Stufen der Polyploidie. Bei der Kartoffel kann man als Unterarten *andigenum* und *tuberosum* unterscheiden. Die Herkunftsgebiete der Kartoffel liegen in den gebirgigen Randzonen der Anden in Südamerika. Die Subspezies *andigenum* ist der ursprüngliche Kartoffeltyp, der auch Grundlage für den Anbau durch die indianische Bevölkerung war. Zunächst sind Knollen dieser Unterart nach Europa (Spanien und England) gelangt. Erst später dürfte sich in Südamerika, insbesondere in Chile, die Unterart *tuberosum* entwickelt haben. Diese Unterart war aufgrund ihrer Evolution im südlichen Teil Südamerikas bereits den Bedingungen höherer Breiten und damit auch europäischen Standortverhältnissen angepaßt; die Abhängigkeit der Knollenbildung von der Temperatur und der Tageslänge (Anpassung an Langtag) haben besondere Bedeutung gehabt.

Kartoffeln sind heute weltweit verbreitet. Allerdings ist der Anbau in tropischen Gebieten insoweit eingeschränkt, als hohe Temperaturen für die Produktion ungünstig sind. In der Erzeugung als Nahrungsmittel steht die Kartoffel weltweit an vierter Stelle (nach den Getreidearten; vgl. Tabelle Seite 11). Die Nutzung ist vielfältig. Neben der sehr bedeutsamen Verwendung als Nahrungsmittel ist auch eine technische Verwertung als Industriekartoffel zur Erzeugung von Stärke („Kartoffelmehl“) und Alkohol von erheblicher wirtschaftlicher Bedeutung. Besonders in den letzten Jahrzehnten werden zunehmend in der Nahrungsmittelverarbeitung Veredlungsprodukte wie Chips, Pommes frites, Dosenkartoffeln, Kartoffelpüree etc. aus Kartoffelknollen hergestellt.

Die Knolle entwickelt sich am Ende von Stolonen auf der Grundlage primären Dickenwachstums. Neben einem hohen Wassergehalt (75 bis 80%) enthalten die Knollen überwiegend Kohlenhydrate in Form von Stärke (12 bis 17%). Das Eiweiß ist durch eine hochwertige Aminosäurezu-

Kartoffelpflanzenbestand

Kartoffelstaude mit Knollen

sammensetzung gekennzeichnet. An sekundären Pflanzenstoffen weisen Kartoffelpflanzen Alkaloide auf, insbesondere Solanin. Diese Verbindung findet sich in allen Teilen der Pflanze. Die in Knollen vorhandenen Mengen sind nicht gesundheitsschädlich; allerdings haben ergrünte Knollen einen besonders hohen Gehalt an Solanin, durch den die Verwendung als Nahrungsmittel eingeschränkt sein kann. Als Vitamine sind Vitamin C und Vitamine der B-Gruppe in recht erheblichen Konzentrationen vorhanden.

Kartoffeln werden über Knollen vermehrt. Auch zahlreiche Wildarten der Gattung *Solanum* vermehren sich unter natürlichen Bedingungen mit Knollen, also vegetativen Teilen der Pflanze. Beim Anbau ist die Bestellung im Frühjahr grundsätzlich erst möglich, wenn die Temperaturen etwa 8 °C erreicht haben. Aus den Augen (ruhende Knospen) der Knolle entwickeln sich Sproßachsen. An diesen Sproßachsen entstehen unter der Erde Seitentriebe, die als Stolonen bezeichnet werden. Ferner entwickelt sich ein (sproßbürtiges) Wurzelsystem, das allerdings recht schwach ausgebildet ist und regelmäßig kaum über 60 cm Bodentiefe erreicht. Die aus den Augen der Knolle hervorgehenden Sproßachsen sind voneinander unabhängig; sie stellen jeweils Pflanzen dar. Aufgrund ihres eng beieinanderliegenden Ursprungs an der Knolle werden sie in ihrer Gesamtheit als „Stau-

Kartoffelknollen, weiß und rot

de" bezeichnet. An den Sproßachsen entwickeln sich in den Blattachseln Blüten, aus denen Beerenfrüchte hervorgehen. Etwa zum Zeitpunkt der Blütenbildung wird das Längenwachstum der Stolonen beendet, und aufgrund eines primären Dickenwachstums (im meristematischen Gewebe) bilden sich als Abschluß der Stolonen Knollen.

Es stehen zahlreiche Kartoffelsorten mit unterschiedlichen Eigenschaften zur Verfügung. Große Bedeutung hat die Vegetationsdauer der Sorten, die zwischen 90 und 160 Tagen liegen kann. Kartoffeln sind sehr anpassungsfähig und können daher auch unter extremen Bedingungen angebaut werden. Ungünstig sind aber schwere Böden und steinige Standorte. Die Ertragsleistung ist zwar grundsätzlich von der Gunst der Umweltbedingungen abhängig, die Pflanzen bringen aber auch unter ungünstigen Bedingungen vielfach noch (Natural-)Erträge, die denen anderer Kulturpflanzenarten überlegen sind. Kartoffeln zeigen eine spezifische thermo-photoperiodische Abhängigkeit in ihrem Wachstum; hiervon ist auch die Ertragsbildung betroffen.

Unter Langtagbedingungen – also in hohen Breiten – kommt es zu einer deutlichen Förderung des Längenwachstums der Sproßachsen und Stolonen. Die Knollen werden dann an den sehr langen Stolonen in großer Entfernung von den Sproßachsen angelegt. Gelegentlich unterbleibt unter Langtagbedingungen die Knollenbildung ganz. Bei Kurztagbedingungen wird das Längenwachstum der Sproßachsen und Stolonen eingeschränkt, die Knollen finden sich dicht um die Sproßachsen. Mit höheren Temperaturen wird die Bereitschaft zur Knollenbildung eingeschränkt, bei Temperaturen über 30 °C werden vielfach keine Knollen mehr angelegt. Die Ertragsstruktur wird durch die Anzahl der „Stauden" auf der Fläche, die Anzahl der Sproßachsen je Saatknolle und die Anzahl der Knollen je Sproßachse bestimmt. Schließlich ist das durchschnittliche Knollengewicht zu berücksichtigen.

Topinambur

Helianthus tuberosus L. (*Heliánthus* = griech. *hélios* (ἥλιος) = Sonne, griech. *ánthos* (ἄνθος) = Blüte; *tuberósus* = knollig); engl. *topinambur*, franz. *topinambour*, span. *pataca*. Einjährige Pflanzen; Familie Compositae = Asteraceae (Korbblütler); polyploide Genomstruktur (2n = 6x = 102; x = 17). Ernteteil: Knollen. Inhaltsstoffe: Kohlenhydrate ca. 16% (verdaulicher Anteil ca. 4%, Inulin – nicht verdaulich – ca. 8%), Eiweiß ca. 2,5%, Fett ca. 0,5% (Wasser ca. 78%).

Topinambur ist mit der Sonnenblume nahe verwandt. Die Herkunftsgebiete liegen in Nordamerika. Bereits die indianische Bevölkerung nutzte die an den Stolonen der Pflanze gebildeten Knollen. Nach der Entdeckung Amerikas gelangte Topinambur (um 1600) – zunächst als Zierpflanze – nach Europa. Sie wurde aber bald auch aufgrund der von ihr gebildeten Knollen beachtet und gewann für die menschliche Ernährung Bedeutung. Heute ist die Pflanze zwar weltweit verbreitet, die acker-

Topinamburpflanzenbestand

bauliche Nutzung spielt aber nur eine untergeordnete Rolle. Insbesondere der Kartoffelanbau verdrängte Topinambur. Die Pflanze wird zur Erzeugung der Knollen angebaut, wobei Nutzung als Gemüse oder als Viehfutter üblich ist. Durch Vergärung kann Alkohol erzeugt werden, auch Fruchtzucker läßt sich aus den Knollen gewinnen. Die Sproßmasse ist als Viehfutter geeignet. Gelegentlich wird die Pflanze als Wildfutter angebaut. Genutzt werden die Knollen, die an Sproßtrieben im Boden angelegt werden. Die Knollen sind unregelmäßig geformt. Der Gehalt an Kohlenhydraten beträgt ca. 16%; davon liegen ca. 50% als Inulin (eine Verbindung aus 20 bis 40 Molekülen Fruktose) vor. Ernährungsphysiologisch handelt es sich hierbei um eine Substanz, die vom menschlichen Körper nicht verwertet, sondern unverändert ausgeschieden wird. Inulin hat daher Bedeutung in der Medizin; es wird zu diagnostischen Zwecken eingesetzt. Aus dem Inulin kann Fruktose hergestellt werden. Ferner lassen sich Kaffee-Ersatzstoffe durch Trocknen

Topinamburpflanze, Knollen

Topinamburpflanze, blühend

und Rösten der Knollen herstellen auf der Grundlage von Umsetzungsprodukten des Inulins.

Die Topinamburpflanze entwickelt sich aus Knollen (vegetative Vermehrung). An den Knollen befinden sich (ruhende) Knospen (Augen); diese treiben aus und bilden Sproßachsen, die denen der Sonnenblume sehr ähnlich sind. Auch die Blüten entsprechen in ihrer Struktur Sonnenblumenblüten. Allerdings sind sie kleiner und werden erst relativ spät im Jahr angelegt. Unter Langtagbedingungen ist eine Saatguterzeugung bei Topinambur nicht möglich. Die Knollen sind frosthart. Die Ernte der Knollen kann daher auch im Winter oder nach dem Winter erfolgen. Die Standortansprüche sind gering. Es handelt sich um ausdauernde Bestände, da aus den winterfesten Knollen ständig ein Neuaufwuchs erfolgt.

Die Nutzung der Bestände zur Erzeugung der Knollen für die menschliche Ernährung dürfte auch in der Zukunft nur wenig Bedeutung haben. Interessant ist grundsätzlich die Produktion von Futter, da Knollen und Sproßmasse verwendet werden können. Ferner besteht die Möglichkeit, Alkohol zu erzeugen. Bezüglich des Inulins sowie auch des hieraus zu gewinnenden Fruchtzuckers kann eine spezifische Nutzung interessant sein.

Ackerfutterpflanzen

Die Erzeugung von Futter auf dem Acker mit Pflanzen, bei denen die gesamte oberirdische Grünmasse geerntet wird, wird als Ackerfutterbau bezeichnet. Es steht eine große Anzahl von hierfür besonders geeigneten Kulturpflanzenarten zur Verfügung. Diese Arten können in „Monokulturen“ oder auch in „Gemengen“ angebaut werden. Der Erntetermin dieser Pflanzenbestände wird regelmäßig nach zwei Kriterien gewählt: Es soll eine möglichst große Biomasse auf der Fläche erzeugt werden, diese soll einen hohen Futterwert aufweisen. Der Futterwert orientiert sich an der Verdaulichkeit des Futters unter Berücksichtigung der verwertbaren Energie und essentieller Bestandteile wie insbesondere Eiweiß. Die Biomassen im Futterbau können im frischen Zustand verfüttert werden, sollen Futtervorräte angelegt werden, müssen die Ernten getrocknet oder eingesäuert (Silage) werden.

Der Ackerfutterbau ist allerdings nur ein Teil der Futterproduktion landwirtschaftlicher Betriebe. Grundsätzlich sind alle Produkte des Ackerbaus, die der menschlichen Ernährung dienen, auch als Viehfutter geeignet. In diesem Zusammenhang sind auch die Rückstände in der Nahrungsmittelherstellung zu nennen, z. B. Kleie aus der Mehlherstellung, Zuckerrübenschnitzel aus der Zuckergewinnung, Ölpreßkuchen aus der Ölgewinnung etc. Einige Kulturpflanzenarten werden regelmäßig sowohl

Rapspflanzenbestand

Senfpflanzenbestand

für die Erzeugung von Nahrungsmitteln als auch von Futter angebaut. Charakteristisch hierfür ist z. B. Roggen, der im Getreideanbau für die Erzeugung von Körnern zur Mehlherstellung aber auch als heranwachsender Roggenbestand etwa bis zum Zeitpunkt des Ährenschiebens als Grünfutter genutzt werden kann. Entsprechendes gilt für Raps, der im Anbau zur Samenproduktion der Ölerzeugung dient und als Grünmasse heranwachsender Bestände verfüttert werden kann.

In der Erzeugung von Ackerfutter kann zwischen verschiedenen Formen des Anbaus unterschieden werden. Hauptfruchtfutterbau liegt vor, wenn die gesamte jährliche Vegetationszeit zum Aufwuchs der Pflanzen genutzt wird; es können auch mehrere Vegetationszeiten mit Futtererzeugung (eines mehrjährigen Pflanzenbestandes) aufeinander folgen. Beim Zweitfruchtfutterbau handelt es sich um die Nutzung nach früh räumenden Pflanzenbeständen der verbleibenden Vegetationszeit zur Erzeugung von Futter. Unter diesen Bedingungen stehen im kühl-gemäßigten Klima meist fünf bis sieben Monate zur Verfügung.

Eine vielfach angewandte Form der Futtererzeugung ist der Zwischenfruchtfutterbau. Die Ackerfutterpflanzen werden nach der Ernte der Hauptfrucht angebaut. Die Einsaat kann mit hierfür geeigneten (deckfruchtverträglichen) Pflanzenarten bereits in den Bestand der vorhergehenden Kulturpflanzen als „Untersaat“ erfolgen. Nach dem Abernten der Hauptfrucht entwickelt sich die Untersaat und steht dann für eine Futternutzung zur Verfügung. Überwiegend werden heute die Ackerfutterpflanzen des Zwischenfruchtfutterbaus allerdings erst nach der Ernte der Hauptfrucht bestellt. Dies ist im Spätsommer bzw. Frühherbst der Fall. Wird die heranwachsende Grünmasse noch vor der kalten Jahreszeit geerntet, handelt es sich um Herbstzwischenfruchtfutterbau. Überwintern die Ackerfutterpflanzen, so wird nach einer kurzen Wachstumsperiode im Frühjahr geerntet; es handelt sich dann um Winterzwischenfruchtfutterbau.

Zwischenfruchtbau dient nicht nur der Futtererzeugung, sondern wird auch vorgenommen, um Biomasse als „Gründüngung" in den Acker einzubringen. So gelangen erhebliche Mengen an organischer Masse in den Boden. Gleichzeitig werden Pflanzennährstoffe – insbesondere Stickstoff – in der Vegetationsdecke gehalten und nicht in tiefere Bodenzonen bzw. in das Grundwasser ausgetragen. Alle im Ackerfutterbau verwendeten Pflanzenarten sind grundsätzlich auch als „Gründüngung" geeignet.

Der Anteil des Ackerfutterbaues an der Ackerfläche ist regional sehr unterschiedlich. Für die Bundesrepublik Deutschland sind etwa 18% der Ackerfläche als Hauptfruchtfutterbau ausgewiesen; im Zwischenfruchtfutterbau sind es ca. 17%. Der überwiegende Anteil der Hauptfruchtfutterfläche findet sich im Anbau von Silomais (vgl. Mais). Auch die Futterrüben haben mit 1,5% der Ackerfläche einen relativ bedeutenden Anteil im Hauptfruchtfutterbau (vgl. Futterrübe). Im Zwischenfruchtbau sind insbesondere Angehörige der Familie der Brassicaceae (Kreuzblütler) im Anbau, wie Raps (vgl. Raps), Senf (vgl. Senf), Ölrettich u. a.. Ferner stehen kleinsamige Leguminosen zur Verfügung, die im Reinanbau oder auch in Mischungen mit anderen Pflanzenarten (überwiegend Gräser) im Futterbau genutzt werden können. Weitere Feldfutterpflanzen finden sich unter großkörnigen Leguminosen, wie Wicke, Ackerbohne, Felderbse, Lupinen etc.. Einige weitere Pflanzenarten, wie z. B. Sonnenblume, Phazelie etc., werden ebenfalls regelmäßig im Futterbau bzw. in der Gründüngung genutzt.

Nachstehend sollen Ackerfutterpflanzen aus der Gruppe der kleinsamigen Hülsenfrüchtler sowie der Kreuzblütler behandelt werden. Im Hinblick auf die „Gründüngung" sind naturgemäß die Angehörigen der Hülsenfrüchtler besonders interessant, da sie die Bodenfruchtbarkeit fördern, u. a. auch wegen ihres Stickstoffbindungsvermögens.

Rotklee (Wiesenklee)

Trifolium pratense L. (*Trifólius* = dreiblättrig; *praténsis* = auf Wiesen wachsend/Wiesen-); engl. *red clover*, franz. *trèfle commun*, span. *trébol violeta*. Mehrjährige Pflanzen (Stauden); Familie Leguminosae = Fabaceae (Hülsenfrüchtler); diploide Genomstruktur (2n = 2x = 14; x = 7) tetraploide Genomstruktur als Züchtung (2n = 4x = 28). Ernteteil: Sproßmasse; Ernte mit Blühbeginn. Inhaltsstoffe (Grünmasse): Trokkensubstanzgehalt ca. 23%, Eiweiß ca. 2,5%.

Rotklee ist eine junge Kulturpflanze, deren systematische Nutzung erst etwa 300 Jahre zurückreicht. Die Inkulturnahme erfolgte aus Wildpflanzenbeständen in Europa, Nordafrika sowie Nord- und Mittelasien.

Rotkleebestand

Man unterscheidet einen frühen Rotklee (var. *praecox* = frühzeitig) und einen späten Rotklee (var. *serotinum*; serótinus = spät). Überwiegend wird der Frührotklee angebaut, der im Hauptnutzungsjahr bis zu dreimal einen erntereifen Aufwuchs bringt. Der Schnittzeitpunkt der Grünmasse ist etwa mit Beginn der Blüte gegeben. Spätrotklee – Hauptanbaugebiete im nördlichen Europa – kann nur einmal (gelegentlich auch ein zweites Mal, dann mit geringer Biomasse) geerntet werden.

Rotkleepflanzen sind zwei- bis mehrjährig. Der frühe Rotklee blüht bereits im Ansaatjahr, während der späte Rotklee erst nach der Überwinterung Blüten bildet. Die Pflanzen haben eine stark ausgebildete Pfahlwurzel, die im oberen Teil eine Art Wurzelstock bildet, aus dem sich die Sproßachsen entwickeln. Die Sprosse sind verzweigt; sie erreichen regelmäßig bis ca. 50 cm, unter günstigen Umständen können

Rotkleepflanze, die roten Röhrenblüten können bis weiß variieren

die Sproßachsen bis zu 100 cm lang werden. Die Blätter sind aus drei Blättchen zusammengesetzt. Die Einzelblättchen sind eiförmig bis zugespitzt und weisen meist einen grau-silbrigen Fleck – als Folge von Lufteinlagerung in den Interzellularen – auf. Die Pflanze ist etwas behaart. Die Blütenköpfe sind endständig angelegt, sie enthalten eine große Anzahl etwa 1 bis 2 cm langer Röhrenblüten, die regelmäßig rot gefärbt sind; die Farbe kann bis weiß variieren. Rotklee ist Fremdbefruchter, die Pollenübertragung erfolgt durch Insekten. Rotklee wird vielfach im Gemenge mit Gräsern (z. B. Wiesenlieschgras, Wiesenschwingel oder Welsches Weidelgras) angebaut. Rotklee ist als Leguminose unabhängig von einer Stickstoffdüngung.

Die Grünernten können frisch verfüttert werden. Meist werden sie getrocknet und als Heu eingelagert. Auch Futterkonzentrate und Pellets lassen sich herstellen (getrocknete und gepreßte Grünmasse). Rotklee läßt sich außerdem durch Beweiden nutzen. Wiesen oder Reinbestände dürften aber überwiegen.

Weißklee

Trifolium repens L. (*Trifólius* = dreiblättrig; *répens* = kriechend); engl. *white clover*, franz. *trèfle blanc*, span. *trébol blanco*. Mehrjährige Pflanzen (Stauden); Familie Leguminosae = Fabaceae (Hülsenfrüchtler); tetraploide Genomstruktur ($2n = 4x = 32$; $x = 8$). Ernteteil: Sproßmasse; Ernte in der Blüte. Inhaltsstoffe (Grünmasse): Trokkensubstanzgehalt ca. 23%, Eiweiß ca. 2,2%.

Weißklee ist in Europa als Wildpflanze weit verbreitet, natürliche Vorkommen finden sich bis in hohe Breiten. Diese Kleeart ist auch in Asien sowie Nord- und Südafrika in der natürlichen Vegetation vorhanden. Die weitere Ausbreitung nach Amerika und Australien wurde vom Menschen vorgenommen. Auch in diesen Gebieten hat Weißklee als Kulturpflanze erhebliche Bedeutung gewonnen. Für einen Anbau in subtropischen und tropischen Gebieten ist dagegen Weißklee wenig geeignet.

Weißklee bildet Ausläufer und kann damit rasch auch größere Areale besiedeln. Die pflanzenbauliche Bedeutung des Weißklees liegt in seiner guten Beweidbarkeit; Weißklee findet sich daher vielfach als Bestandteil von Weiden. Systematische Züchtungen (insbesondere als Auslesen) haben zu Pflanzentypen (Sorten) geführt, die auch im Reinanbau erfolgreich genutzt werden. Die heute im Anbau befindlichen Sorten zeigen z. T. ein sehr unterschiedliches Wachstumsverhalten und verfügen über unterschiedliche Konkurrenzkraft sowie Winterhärte. Weißklee ist relativ schattenempfindlich, ein Anbau dieser Kleeart in Mischungen mit starkwüchsigen Pflanzen ist daher nicht zweckmäßig.

Die Pflanzen haben oberirdische Kriechtriebe, die sich auf der Erdoberfläche aufliegend weit ausbreiten können; die Einzelpflanze kann sich daher in einer nicht zu dichten Vegetationsdecke mehrere Meter ausbreiten. Von den Kriechtrieben entwikkeln sich mit aufwärts gerichtetem Wuchs lang gestielte Blätter, die eine Höhe von 30 cm (gelegentlich auch mehr) erreichen

Weißklee

können. Entsprechendes gilt auch für die Blütenstände, die ebenfalls an den Kriechtrieben entspringen. Die Blütenköpfe sind regelmäßig weiß-gelb gefärbt. Weißklee ist Fremdbefruchter, die Pflanzen werden von Bienen beflogen. Der Blühverlauf im Blütenköpfchen erfolgt von unten nach oben. Abgeblühte Einzelblüten knicken scharf ab.

Weißkleepflanzen, blühend

Schwedenklee

Trifolium hybridum L. (*trifólius* = dreiblättrig; *hýbridus* = aus einer Kreuzung entstanden, Bastard); engl. *alsike clover*, franz. *trèfle hybrid*, span. *trébol hibrido*. Mehrjährige Pflanzen (Stauden); Familie Leguminosae = Fabaceae (Hülsenfrüchtler); diploide Genomstruktur (2n = 2x = 16; x = 8). Ernteteil: Sproßmasse; Ernte zu Beginn bis Mitte der Blüte. Inhaltsstoffe (Grünmasse): Trockensubstanzgehalt ca. 23%, Eiweiß ca. 2,2%.

Schwedenklee findet sich als Wildpflanze in Europa sowie in vorderasiatischen Gebieten. Diese Kleeart wurde vielfach durch den Menschen verbreitet. Schwedenklee wird insbesondere in nordeuropäischen Gebieten sowie in Nordamerika angebaut. Er ist an kühle Standortbedingungen angepaßt. Die Domestikation dürfte in Schweden erfolgt sein. Meist wird Schwedenklee zusammen mit Gräsern angebaut und genutzt.

Schwedenklee ähnelt äußerlich dem Rotklee, die Pflanze ist aber nicht behaart, und die Blütenköpfchen sind rosa gefärbt. Die Blätter weisen keinen Blattfleck auf, wie er bei Rot- und Weißklee vorhanden ist. Im Ertrag ist Schwedenklee dem Rotklee unterlegen, auf ungünstigen Standorten (insbesondere kühl-feucht) aber leistungsfähiger. Gegen Beschattung ist diese Kleeart weniger empfindlich.

Schwedenkleepflanzen

Die Pflanzen können eine Höhe bis zu 50 cm erreichen, in einigen Fällen auch bis annähernd 70 cm. Schwedenklee ist Fremdbefruchter.

Inkarnatklee

Trifolium incarnatum L. (*trifólius* = dreiblättrig; *incarnátus* = fleischfarben); engl. *crimson clover*, franz. *trèfle incarnat*, span. *trébol encarnado*. Ein- und zweijährige Pflanzen; Familie Leguminosae = Fabaceae (Hülsenfrüchtler); diploide Genomstruktur (2n = 2x = 14; x = 7). Ernteteil: Sproßmasse; Ernte zu Blühbeginn. Inhaltsstoffe: Trockensubstanzgehalt ca. 22 %, Eiweiß ca. 2,3 %.

Inkarnatklee stammt wahrscheinlich aus den küstennahen Gebieten Spaniens und Nordafrikas. Eine systematische Nutzung als Futterpflanze erfolgte zunächst in den wärmeren Gebieten Europas (Südfrankreich, nördliche Gebiete Spaniens und Italiens). Im 19. Jahrhundert breitete sich der Anbau auch nach Nord- und Osteuropa aus.

Die Pflanze ist wenig winterfest. Während in Europa der Anbau eher zurückgegangen ist, stellt die Art in den Südstaaten der USA eine wichtige überwinternde Futterpflanze dar. Umfangreiche Anbaugebiete sind auch in Südamerika und Australien.

Inkarnatklee kann als Reinbestand angebaut werden; meist ist er aber Bestandteil eines Mischanbaus mit Gräsern. Bekannt ist das Landsberger Gemenge, das aus Welschem Weidelgras, Zottelwicken

Inkarnatklee

und Inkarnatklee besteht und als überwinternder Zwischenfruchtbau genutzt wird.

Die Pflanzen können eine Höhe von 40 bis 70 cm erreichen. Die Stengel sind kräftig ausgebildet und neigen zum Verholzen. Die Blättchen sind flaumig behaart und schwach gezähnt. Die Blütenköpfe sind Fuchsschwanz-ähnlich geformt und können eine Länge von bis zu 5 cm erreichen. Die Blüten sind purpurrot (auch weiß gefärbte Typen sind bekannt). Inkarnatklee ist Fremdbefruchter.

Alexandriner Klee

Trifolium alexandrinum L. (*trifólius* = dreiblättrig; *alexandrínus* = aus Alexandria (Ägypten) stammend; engl. *berseem*, franz. *trèfle d'Alexandrie*, span. *trébol de Alejandria*. Einjährige Pflanzen; Familie Leguminosae = Fabaceae (Hülsenfrüchtler); diploide Genomstruktur (2n = 2x = 16; x = 8). Ernteteil: Sproßmasse; Ernte bei Blühbeginn. Inhaltsstoffe: Trockensubstanzgehalt ca. 22%, Eiweiß ca. 2,2%.

Alexandriner Klee ist eine Kleeart warmer (subtropischer) Anbaugebiete (Mittelmeerklima). Im Mittelmeerraum, in Nordafrika, im Nil-Delta, in Indien, den südlichen Staaten der USA, Südamerika, Australien und den warmen Gebieten der UdSSR finden sich weit verbreitet große Flächen von Alexandriner Klee für die Futtererzeugung. Eine Nutzung in Deutschland erfolgte erstmalig in den fünfziger Jahren. Es handelt sich um eine einjährige Pflanze, die während der warmen Jahreszeit hohe Wachstumsleistungen erreicht (ca. drei Schnitte). Die Ernten können frisch verfüttert werden. Über Heubereitung läßt sich die Biomasse auch konservieren.

Die Pflanzen wachsen aufrecht und verzweigen sich stark. Die weißlichgelben Blüten sind in kleinen, an den Sproßachsen endständig angelegten Köpfchen zusammengefaßt.

Alexandriner Klee

Persischer Klee

Trifolium resupinatum L. (*trifólius* = dreiblättrig; *resupinátus* = umgebogen, zurückgebogen); engl. *persian clover*, franz. *trèfle de Perse*, span. *trébol persa*. Einjährige Pflanzen; Familie Leguminosae = Fabaceae (Hülsenfrüchtler); diploide Genomstruktur (2n = 2x = 16; x = 8). Ernteteil: Sproßmasse; Ernte bis in die Vollblüte. Inhaltsstoffe (Grünmasse): Trockensubstanzgehalt ca. 15%, Eiweiß ca. 1,5%.

Persischer Klee ist eine Kleeart des Mittelmeerraums. Der erstmalige Anbau in Deutschland geht auf die sechziger Jahre zurück. Es handelt sich um eine einjährige Pflanze, die mit bis zu vier Schnitten genutzt werden kann. Größere Anbauflächen finden sich in Vorderasien bis nach Nordwestindien, in Südeuropa, Mittelasien, Australien und den Südstaaten der USA. Meist wird Reinansaat bevorzugt, Persischer Klee wird aber auch zusammen mit Gräsern angebaut. Die Nutzung kann als Grünfutterpflanze sowie als Heu erfolgen. Eine Beweidung ist möglich.

Die Pflanzen wachsen im Frühjahr rasch und entwickeln zahlreiche dicke, hohle Stengel. Unter günstigen Umweltbedingungen erreichen die Pflanzen Höhen bis zu 1 m. Die Blütenköpfchen sind in den Blattachseln angelegt.

Die Blüten drehen sich vor ihrer Öffnung um 180 °, eine Eigenschaft, die dem Klee seinen artspezifischen Namen gegeben hat *(resupinatus)*. Die Blütenköpfe sind relativ klein. Sie umfassen eine geringe Anzahl von Einzelblüten. Die Färbung reicht von rosa bis rot, auffällig ist der starke, süßliche Duft.

Persischer Klee

Wundklee (Tannenklee)

Anthyllis vulneraria L. (*Anthýllis* = griech. Name für Wundklee; *vulnerárius* = Wunden heilend); engl. *kidney vetch*, franz. *anthyllide vulneraire*, span. *vulneraria*. Mehrjährige Pflanzen (Stauden); Familie Leguminosae = Fabaceae (Hülsenfrüchtler); Ernteteil: Sproßmasse. Inhaltsstoffe (Grünmasse): Trockenmasse ca. 20%, Eiweiß ca. 1,9%.

Die Blätter dieser Kleeart wurden früher zur Wundheilung verwendet. Es handelt sich um eine weit verbreitete Kleeart, die auf Wiesen, Hutungen, Wegrändern – heute vielfach auch auf angelegten Straßenböschungen – anzutreffen ist. Die Pflanze ist auch in hohen Breiten und in den Bergen in Höhen von über 2000 m zu finden. Wundklee ist in bezug auf Boden und Klima sehr anspruchslos, auch in trockenen Lagen wachsen die Pflanzen vergleichsweise gut. Wundklee ist charakteristisch für Kalkböden.

Wundklee dürfte kaum unter intensiven und mittelintensiven Nutzungen angebaut werden. Er ist aber als Kulturpflanzenart zu betrachten. Saatguterzeugung und Verwendung im Gemengeanbau (mit Gräsern) unter ungünstigen Standortbedingungen und extensiven Nutzungen ist gelegentlich üblich. Darüber hinaus ist Wundklee Bestandteil natürlicher Vegetationen, die als Wiesen, Weiden und Hutungen genutzt werden.

Es handelt sich um mehrstengelige Pflanzen, die meist nicht über 30 cm hoch werden. Die Stengel sind behaart. Auch die Blätter sind unterseits filzig behaart. Die Blüten sind in Blütenköpfen zusammengefaßt, sie sind im voll aufgeblühten Zustand goldgelb gefärbt. Wundklee ist Fremdbefruchter.

Wundklee

Luzerne (Saatluzerne)

Medicago sativa L. ssp. **sativa** (*Medicágo* = griech. Name einer Futterpflanze (aus Medien stammend?); *satívus* = angepflanzt/angebaut); engl. *alfalfa*, franz. *luzerne*, span. *alfalfa*. Mehrjährige Pflanzen (Stauden); Familie Leguminosae = Fabaceae (Hülsenfrüchtler); diploide Genomstruktur (2n = 2x = 16; x = 8; auch 2n = 4x und 2n = 8x bekannt). Ernteteil: Sproßmasse: Ernte mit Bildung der Blütenknospen bis Beginn der Blüte. Inhaltsstoffe (Grünmasse): Trockensubstanzgehalt ca. 23%, Eiweiß ca. 3%.

Die Saatluzerne stellt die ursprüngliche Luzerne dar, wie sie in ihrer Heimat, dem südwestasiatischen Raum, genutzt wurde. Sie hatte als wertvolles Pferdefutter große Bedeutung.

In den Kulturen des Altertums war sie bereits bekannt. Die weitere Ausbreitung erfolgte mit dem Vordringen der Araber nach Spanien.

Die Saatluzerne kann sehr ausdauernd wachsen (bis zu 30 Jahre). Allerdings sind die Pflanzen nicht besonders winterhart. Im ganzen liegt eine Anpassung an warme Klimate vor. Die Blüten sind in Trauben angeordnet, die in den Blattachseln der oberen Sproßachsen entstehen. Sie sind blau bis blauviolett, gelegentlich auch purpurn und weiß. Die Hülsen sind schneckenförmig aufgedreht und zeigen zwei bis dreieinhalb Windungen. Die Saatluzerne ist Kreuzungselter der Bastardluzerne und bestimmt in unterschiedlichem Umfang zusammen mit der Sichelluzerne die Eigenschaften der Bastardluzerne. Die Saatluzerne in ihrer ursprünglichen genetischen Konstitution dürfte kaum angebaut werden.

Saatluzerne

Sichelluzerne

Medicago sativa L. ssp. **falcata** (L.) Arcang. (*Medicágo* = griech. Name für eine Futterpflanze (aus Medien stammend?); *satívus* = angepflanzt/angebaut; *falcátus* = sichelförmig); engl. *sickle medic*, franz. *luzerne faucille*, span. *alfalfa falcada*. Mehrjährige Pflanzen (Stauden); Familie Leguminosae = Fabaceae (Hülsenfrüchtler); diploide Genomstruktur (2n = 2x = 16; x = 8; auch 2n = 4x bekannt). Ernteteil: Wird nicht systematisch beerntet; verwertbar ist die Sproßmasse.

Sichelluzerne

Die Sichelluzerne ist in ihrer natürlichen Verbreitung an kühle Klimate angepaßt, sie findet sich aber auch im Mittelmeergebiet sowie in den gemäßigten Klimazonen Zentral- und Westasiens. Als Futterpflanze wird die Sichelluzerne nicht angebaut, sie ist im „Ertrag“ den anderen Luzernearten unterlegen. Aufgrund ihrer guten Resistenzeigenschaften (Kälte- und Dürreresistenz) wird sie in der Luzernezüchtung verwendet.

Die Sproßachsen sind im unteren Teil abgewinkelt von der Pflanze und niederliegend; die Pflanzen sind meist nicht höher als 30 bis 40 cm. Die Blüten sind in verkürzten Trauben zusammengefaßt. Ihre Farbe variiert zwischen hell- bis dunkelgelb. Die Hülse ist leicht gekrümmt bis sichelförmig.

Diese ausdauernde Pflanze weist eine relativ hohe Anspruchslosigkeit an den Standort sowie große klimatische Widerstandsfähigkeit auf. Sie ist zusammen mit der Saatluzerne Ausgangspflanze der Sandluzerne und bestimmt auch in unterschiedlichem Ausmaß die Eigenschaften der Sandluzerne.

Sandluzerne (Bastardluzerne)

Medicago sativa L. ssp. **falcata** × ssp. **sativa** (*Medicágo* = griech. Name für eine Futterpflanze (aus Medien stammend?); *satívus* = angebaut/angepflanzt; *falcátus* = sichelförmig); engl. *(variegated) alfalfa*, franz. *luzerne (intermédiaire)*, span. *alfalfa (hibrida)*. Mehrjährige Pflanzen (Stauden); Familie Leguminosae = Fabaceae (Hülsenfrüchtler); polyploide Genomstruktur (2n = 4x = 32; x = 8). Ernteteil: Sproßmasse; Ernte im Knospen- bis Beginn Blühstadium. Inhaltsstoffe (Grünmasse): Trockensubstanzgehalt ca. 23%, Eiweiß ca. 3,5%.

Die Sandluzerne ist ein Bastard aus Saat- und Sichelluzerne mit sehr unterschiedlichen – vielfach regional bestimmten – Ausprägungen von Wachstumseigenschaften sowie ökologischer Adaption.

Die angebauten Sorten können jeweils mehr dem Saatluzerne- bzw. dem Sichelluzernetyp zugeordnet werden.

Die Sandluzerne ist spontan in den Überschneidungsgebieten der Sichel- und Saatluzerne entstanden.

Die Sandluzerne ist als wertvolle Futterpflanze grundsätzlich an warme und eher trockene Standorte angepaßt. Dies schließt eine Nutzung im kühl-gemäßigten Klima aber nicht aus.

In der Bundesrepublik Deutschland ist der Anbau der Luzerne stark zurückgegangen. In Europa werden in den warmen Gebieten noch recht bedeutende Anbauflächen gefunden. Besonders umfangreich ist der Anbau in Nordamerika (mehr als 10 Mio. ha).

Sandluzernebestand

Die Sandluzerne ist eine ausdauernde Pflanze. Im ersten Jahr entwickelt sich bereits eine mehr oder weniger stark verzweigte, kräftige Pflanze. Unter Nutzungsbedingungen werden die Pflanzen bereits im ersten Jahr vor der Überwinterung zumindest einmal geschnitten. In den folgenden Jahren kann mehrfach (jährlich) geerntet werden. Beim letzten Schnitt-Termin ist darauf zu achten, daß die Pflanzen vor der Überwinterung noch ausreichend Gelegenheit zur Assimilatbildung haben. Diese Assimilate bevorraten Gewebe am Grunde der Stengel und in den oberen Teilen des Wurzelsystems. Es bildet sich ein Wurzelstock.

Luzerne ist relativ winterhart, Temperaturen bis -20 °C werden ertragen. Aus dem Wurzelstock entwickeln sich im nächsten Jahr zahlreiche Sproßachsen. Im zweiten Jahr werden regelmäßig in traubigen Blütenständen vereinte Blüten angelegt. Die Blütenstände finden sich bevorzugt im oberen Teil der Sproßachsen in den Blattachseln. Sie können in der Farbe sehr unterschiedlich sein, sie variieren zwischen blau und gelb bis zu grün und braun. Blaue bis rote Färbungen sind häufig.

Die Hülse ist schneckenartig gewunden, zeigt aber meist nur bis zu zwei Windungen. Fremdbefruchtung überwiegt; der Pollen wird von Insekten verbreitet, die beim Besuch der Blüte das untere Blütenblatt herunterdrücken und damit „explosionsartig" die Narbe heraufschnellen lassen. Die Narbe schlägt an das Insekt und erhält dort Pollen, gleichzeitig nimmt das Insekt auch Pollen von der Blüte mit.

Im zweiten Anbaujahr und in den folgenden Jahren können Luzernebestände mehrfach geschnitten und beerntet werden. Unter ungünstigen Standortbedingungen (z. B. sandige Böden im norddeutschen Raum) wachsen meist nicht mehr als zwei Schnitte auf. Unter günstigen Standortbedingungen (tiefgründige Böden mit gutem Wasserhaushalt und relativ hohen Temperaturen) können fünf bis sieben Schnitte gewonnen werden.

Sandluzerne

Günstige Anbaubedingungen für die Sandluzerne finden sich in den wärmeren Gebieten Europas, wobei hohe Erträge allerdings eine gute Wasserversorgung voraussetzen. Da die Luzerne ein sehr tiefreichendes, kräftiges Wurzelsystem entwikkelt, ist die mögliche Durchwurzelungstiefe am Standort von erheblicher Bedeutung für die Leistungsfähigkeit.

Der Anbau von Luzerne ist auf den weniger günstigen Standorten in Europa stark zurückgegangen. Dies beruht z. T. auf der relativen Unterlegenheit der Luzerne auf diesen Standorten im Hinblick auf die Futterproduktion. Es liegen aber auch ungünstige Voraussetzungen für die Einpassung der Luzerne in die Nutzungssysteme vor.

Früher war es üblich, auf dem Acker den Luzernebestand mindestens drei, vielfach bis zu fünf Jahre für die Erzeugung von Futter zu belassen.

Intensive Nutzungssysteme, die heute die pflanzenbauliche Produktion bestimmen, lassen im Ackerfutterbau eine mehrjährige Unterbrechung der Erzeugung von Marktfrüchten nicht mehr zu.

Luzerne wird nach der Ernte im allgemeinen als Heu konserviert. Unter günstigen Anbaubedingungen mit hohen Erträgen sind auch Verfahren zur Heißlufttrocknung anwendbar.

Eine spezielle Verarbeitung ist das Luzernegrünmehl. Luzerne ist ein hochwertiges Futter; die Eiweißgehalte in der Trockenmasse erreichen 20%.

Gelbklee (Hopfenklee)

Medicago lupulina L. (*Medicágo* = griech. Name für eine Futterpflanze (aus Medien stammend?); lupulínus = kleiner Hopfen); engl. *hop clover*, franz. *lupuline*, span. *lupulina*. Mehrjährige Pflanzen (Stauden); Leguminosae = Fabaceae (Hülsenfrüchtler); diploide Genomstruktur (2n = 2x = 16; x = 8; auch 2n = 4x bekannt). Ernteteil: Sproßmasse: Ernte in der Blüte. Inhaltsstoffe (Grünmasse): Trockensubstanzgehalt ca. 22%, Eiweiß ca. 2%.

Die als Gelbklee bezeichnete Pflanze gehört zur Gattung Luzerne. Sie hat ihr natürliches Verbreitungsgebiet in Europa sowie

Gelbkleepflanzen

Gelbklee, Blütenstände

in an Europa angrenzenden asiatischen Regionen und Nordafrika. Durch den Menschen wurde diese Pflanzenart auch nach Nord- und Südamerika sowie Australien verbreitet.

Es ist eine sehr anspruchslose Art, die ein gutes und nährstoffreiches Futter liefert; sie war früher auch unter der Bezeichnung „Lämmerklee" bekannt. Der Ertrag ist allerdings gering. Es handelt sich meist nicht um ausdauernde Pflanzen.

In Futterpflanzengemischen mit Gräsern und auf Weiden ergibt sich die Beständigkeit der Art aus der regelmäßigen Aussamung. Die Ansaat kann als Untersaat in Getreide erfolgen. Heute dürfte Gelbklee als Gründüngungspflanze eine gewisse Bedeutung haben, da die Aussaat nach Getreide erfolgen kann und der Saatgutaufwand gering ist.

Die Stengel der Pflanze werden ca. 25 bis 40 cm lang. Die dreizähligen Blätter sind relativ klein; das Spitzenblättchen ist – charakteristisch für *Medicago* – länger gestielt als die beiden äußeren Blättchen. Die Blüten sind 2 bis 4 mm lang und gelb gefärbt. Sie sind in kugeligen, lang gestielten Köpfchen mit 20 bis 50 Einzelblüten zusammengefaßt. Die Blütenköpfe haben Ähnlichkeit mit „Hopfenzapfen", daher ist auch der Name „Hopfenklee" gebräuchlich. Fremdbefruchtung ist vorherrschend.

Weißer Steinklee

Melilotus alba Medik. (*Melilótus* = griech. *méli* (*μέλι*), Honig, griech. *lótus* (*λωτός*), Name für verschiedene Leguminosen; *álbus* = weiß); engl. *white sweet clover*, franz. *melilot blanc*, span. *meliloto blanco*. Zweijährige Pflanzen; Familie Leguminosae = Fabaceae (Hülsenfrüchtler); diploide Genomstruktur ($2n = 2x = 16$; $x = 8$). Ernteteil: Sproßmasse; Ernte vor der Bildung von Blütenknospen.

Weißer Steinklee ist eine junge Kulturpflanze. Ein systematischer Anbau in nennenswertem Umfang findet sich trotz weltweiter Verbreitung der Pflanze nur in einigen Ländern (z. B. Kanada, Argentinien, Indien und Kenia); hier ist diese Pflanze eine wichtige Futterpflanzenart. Die natürlichen Verbreitungsgebiete liegen in der gemäßigten Klimazone, wobei Europa, Vorder- und Mittelasien in erster Linie zu nennen sind. Es handelt sich um eine sehr

Weißer Steinklee

anspruchslose Pflanze, die - mit Ausnahme hoher Breiten - eine weltweite Verbreitung gefunden hat.

Die Sproßmasse kann grün verfüttert werden, es werden aber auch Heu und Silage zur Konservierung der Futtermasse hergestellt. Gelegentlich erfolgt der Anbau als Schutz gegen Bodenerosion (Straßenböschungen).

Die Bestände des Steinklees gelten als gute Bienenweide. Die Pflanzen sind Kumarin-haltig und können daher nicht uneingeschränkt als Futter verwendet werden; Kumarin-arme Formen wurden in der Züchtung entwickelt. Früher diente diese Pflanzenart insbesondere der Gründüngung; die Bestände wurden bei einer Aufwuchshöhe von ca. 20 bis 30 cm umgebrochen. Steinkleebestände lassen sich auch durch Beweiden nutzen.

Beim Weißen Steinklee handelt es sich um eine zweijährige Pflanze. Die Einzelpflanzen können bis zu 2 m Höhe erreichen, sie machen einen buschigen Eindruck. Die Stengel verholzen rasch. Die weißen Blüten sind in ährenförmigen Trauben zusammengefaßt, die in den Blattachseln angelegt werden, insbesondere im oberen Teil der Pflanze. Die Hülsen sind klein (nicht länger als 5 mm). Steinklee ist Fremdbefruchter.

Weißer Steinklee, Blütenstand

Gelber Steinklee

Melilotus officinalis (L.) Pall. (*Melilótus* = griech. *méli* (*μέλι*), Honig, griech. *lótus* (*λωτός*), Bezeichnung für Futterleguminosen; *officinális* = als Arznei gebräuchlich); engl. *yellow sweet clover*, franz. *mélilot officinal*, span. *meliloto oficinal*. Zweijährige Pflanzen; Familie Leguminosae = Fabaceae (Hülsenfrüchtler); diploide Genomstruktur ($2n = 2x = 16$; $x = 8$). Ernteteil: Sproßmasse; Ernte vor der Bildung der Blütenknospen.

Der Gelbe Steinklee ist weltweit verbreitet. Ein systematischer Anbau findet sich allerdings nur auf kleinen Flächen (z. B. in Kanada, USA, UdSSR, China). Die Nutzung in der Fütterung ist nur eingeschränkt möglich, da die Kumarin-Gehalte hoch sind. Eine systematische Züchtung auf Kumarin-arme Formen ist bisher noch nicht vorgenommen worden. Der Anbau dient daher vielfach als Gründüngung oder Bienenweide.

Gelber Steinklee, Blütenstand

Eine Nutzung als Gewürz- und Arzneipflanze ist seit langem bekannt; ein systematischer Anbau als Gewürz- und Heilpflanze ist allerdings nur in geringem Umfang vorhanden.

Genutzt werden die aromatischen Inhaltsstoffe der Pflanze, die aus den Blättern gewonnen werden. Bei der wirksamen Verbindung handelt es sich um Kumarin, das aus dem in der Pflanze vorliegenden Melilotosid (Gehalte um ca. 0,2%) gebildet wird. Unter dem Einfluß des Enzyms Glukosidase (und UV-Licht) entsteht nach Gewebezerstörung (sowie beim Trocknen der Pflanzengewebe) Kumarsäure, die in Kumarinsäure überführt wird.

Esparsette

Onobrychis viciaefolia Scop. (*Onóbrychis* = griech. *ónos* (*ὄνος*), Esel, griech. *brýche* (*βρύχω*), kauen (Zähne wetzen); *viciifólius* = latein. wickenblättrig); engl. *sainfoin*, franz. *sainfoin*, span. *esparceta*. Mehrjährige Pflanzen (Stauden); Familie Leguminosae = Fabaceae (Hülsenfrüchtler); diploide Genomstruktur (2n = 2x = 14; x = 7; auch 2n = 4x bekannt). Ernteteil (Grünmasse): Sproßmasse; Ernte zum Blühbeginn.

Die Esparsette stammt wahrscheinlich aus dem westlichen Asien (Kleinasien). Sie wird in Europa im wesentlichen in warmen und trockenen Regionen (z. B. Südfrankreich) angebaut. Anbauflächen finden sich aber auch in Amerika, Afrika und Australien. Als eine wichtige Futterpflanze wird sie in den südlichen Gebieten der UdSSR verwendet.

Auch unter kargen Bedingungen kann sich diese Pflanzenart kräftig entwickeln. Kalkhaltige Standorte fördern das Wachstum (Kalkbodenpflanze). Die Esparsette wird vielfach als „Pionierpflanze“ verwendet, z. B. zur Festigung von Straßenböschungen. Gutes Wachstum auf flachgründigen und kalkhaltigen Standorten zeigen die besondere Leistungsfähigkeit dieser Pflanzenart. Bei der einschürigen Esparsette kann die Sproßmasse (kurz vor der Blüte) geerntet werden. Auf den Stoppeln mit dem Nachwuchs ist auch noch Beweidung möglich. Bei der zweischürigen Esparsette werden im Vegetationsjahr zwei Schnitte geerntet; der Gesamtertrag ist aber nicht wesentlich höher als bei der einschürigen. Vielfach wird die Esparsette im Gemenge mit Gräsern angebaut. Die Ernte kann über eine Heuzubereitung konserviert werden.

Es handelt sich um eine ausdauernde Pflanze, die im Anbau meist fünf bis zehn Jahre lang genutzt wird. Das Wurzelsystem

Esparsette

ist kräftig entwickelt und findet auch zwischen Gesteinsspalten noch einen ausreichenden Wachstumsraum. Die Ansprüche an die Nährstoffversorgung und das Wasser sind gering. Die Pflanzen können daher auch noch unter kärglichen Bedingungen und in Höhen von mehr als 1000 m über NN gedeihen. Aus dem Wurzelstock gehen nach der Ernte erneut Sprosse und Blätter hervor. Die Winterhärte der Pflanzen ist nicht stark ausgeprägt.

Die Sproßachsen der Pflanzen erreichen eine Höhe von 60 bis 100 cm. Die Pflanze ist rauh bis schwach-wollig behaart. Die blatttragenden Triebe sind meist etwas spärlich angelegt. Die Blütenstände haben Ährenform, sind lang gestielt und entwickeln sich in den Blattachseln. Die Blütenfarbe ist hellkarminrot. Im wesentlichen erfolgt Fremdbestäubung, der Pollen wird durch Insekten übertragen. Die Hülsen sind etwas gebogen. Sie enthalten einen Samen.

Serradella

Ornithopus sativus Brot. (*Orníthopus* = griech. *órnis, órnithos* (*ὄρνις*), Vogel, griech. *pus* (*πούς*), Fuß (Vogelfuß); *satívus* = angebaut/angepflanzt); engl. *serradella*, franz. *serradelle*, span. *serradella*. Einjährige Pflanzen; Familie Leguminosae = Fabaceae (Hülsenfrüchtler); diploide Genomstruktur ($2n = 2x = 14$; $x = 7$). Ernteteil: Sproßmasse; Ernte in der Vollblüte.

Serradella dürfte aus dem küstennahen atlantischen Gebiet Europas (Portugal) stammen. Die Art breitete sich als Futter-

Serradella

pflanze über Nordfrankreich und Belgien bis in osteuropäische Gebiete aus. Überwiegend handelte es sich beim Anbau um Gebiete in Küstennähe. Die Verbreitung der Art begann etwa Mitte des 19. Jahrhunderts. Die Serradella erwies sich als eine wertvolle Futterpflanze.

Die Sproßachsen sind stark verzweigt. Die Hauptsproßachsen können 50 bis 100 cm lang werden (gelegentlich länger). Die Stengel sind weich und „saftig". Die Pflanze ist weich behaart. Die Blütenstände sind in den Blattachseln angelegt, die Blüten rosa gefärbt.

Es liegt sowohl Selbst- als auch Fremdbefruchtung vor. Die Hülsen sind Gliederhülsen (Bruchfrüchte); bei der Reife bricht die Hülse in einsamige Abschnitte auseinander.

Es handelt sich um einjährige Pflanzen. Serradellabestände weisen auch im Herbst noch erhebliche Zuwachsleistungen auf und verholzen kaum. Serradella kann daher relativ spät ausgesät werden. Leichte, sandige Böden auf Standorten mit Spätsommerniederschlägen sind gut geeignet. Die Pflanze hatte zu Beginn des 20. Jahrhunderts eine erhebliche Bedeutung in der Futtererzeugung. Heute ist der Anbau praktisch aufgegeben worden. Die Biomasse kann grün verfüttert werden. Die Grünmasse ist über Trocknung als Heu oder auch als Silage zu konservieren. Serradellabestände eignen sich für die Gründüngung.

Hornklee (Hornschotenklee)

Lotus corniculatus L. (*Lótus* = griech. Name für kleeartige Futterpflanzen in Griechenland; *corniculátus* = gehörnt); engl. *bird's foot trefoil*, franz. *lotier corniculé*, span. *cuernecillo*. Mehrjährige Pflanzen (Stauden); Familie Leguminosae = Fabaceae (Hülsenfrüchtler); polyploide Genomstruktur (2n = 4x = 24; x = 6). Ernteteil: Sproßmasse; Ernte in der Blüte.

Hornklee ist ein weit verbreitetes Kraut, das in Europa, Nordafrika, Vorderasien, dem Mittelmeergebiet und auch Amerika und Australien Bestandteil von Wiesen und Weiden ist.

Die Herkunft liegt im europäischen und vorderasiatischen Raum. Die weitere Verbreitung erfolgte durch den Menschen. Im 19. Jahrhundert wurde diese Pflanzenart in Kultur genommen und gelegentlich auch im Reinanbau Grünfutter bzw. Heu erzeugt. Eine Nutzung in Weiden überwiegt. Für die Grünfuttererzeugung in den USA und Kanada sowie Neuseeland hat Hornklee erhebliche Bedeutung.

Es handelt sich um ausdauernde Gewächse, die sich durch eine starke Sproßbildung aus dem Wurzelkopf auszeichnen. Die Verzweigung ist relativ gering. Die Blüten sind in Dolden angeordnet und gelb bis rötlichgelb.

Hornklee ist eine sehr widerstandsfähige Art, die auch unter ungünstigen Bedingungen noch gute Wachstumsleistungen und damit Futtererträge erlaubt. Hornklee findet auf leichten Böden sowie Böden mit hohem Salzgehalt noch ausreichende

Hornklee, blühend

Hornklee, Einzelpflanze

Wachstumsbedingungen. Die Pflanzen sind darüber hinaus dürreresistent, so daß auch trockene Standorte genutzt werden können.

Die Winterfestigkeit der Pflanzen ist hoch. Man wird Hornklee überwiegend als Teil von Wiesen- bzw. Weidevegetationen finden. Ein Reinanbau ist selten. Die Ernte wird mit Beginn der Blüte vorgenommen. Die Grünmasse kann frisch verfüttert oder über Heuherstellung konserviert werden.

Neben dem Hornklee ist eine weitere Art zu nennen, der Sumpfhornklee (*Lotus uliginosus* Schkuhr). Der Sumpfhornklee ist auf feuchten Standorten, insbesondere Moorboden, eine wertvolle Futterpflanze. Er ist heute in allen Erdteilen verbreitet. Anbauflächen sind insbesondere in den USA (Küstengebiete) sowie Neuseeland und Australien zu finden.

Der Sumpfhornklee ist vielfach Bestandteil von Wiesen in feuchten Lagen; ein Reinanbau ist selten. Reinbestände neigen zum Lagern. Da die Sproßmasse einen bitteren Geschmack aufweist, ist die Verfütterung eingeschränkt. Es handelt sich um eine ausdauernde Pflanze, die Bodenausläufer (mit Wurzeln) bildet. An den Ausläufern entwickeln sich Sproßachsen. Die Stengel können 40 bis 80 cm lang werden. Sie sind meist stark verzweigt. Die Blüten sind gelb und in Dolden zusammengefaßt; im jungen Entwicklungsstadium sind sie leicht rötlich gefärbt.

Ölrettich

Raphanus sativus L. var. **oleiformis** Pers. (*Ráphanus* = griech. *ráphanos* (ῥάφανος), griech. Name für Rettich; *satívus* = angebaut/angepflanzt; *oleifórmis* = olivenförmig); engl. *oil radish*, franz. *radis oléifère*, span. *rabáno oleaginoso*. Einjährige Pflanzen; Familie Brassicaceae = Cruciferae (Kreuzblütler); diploide Genomstruktur (2n = 2x = 18; x = 9). Ernteteil: Sproßmasse. Inhaltsstoffe: Trockensubstanzgehalt ca. 13%, Eiweiß ca. 1,5%.

Der Ölrettich ist nahe verwandt mit Rettich und Radies. Rettich ist eine alte Kulturpflanze, die bereits vor mehr als 2000 Jahren im vorderasiatischen Raum bekannt war und genutzt wurde; es können auch Entwicklungszentren in China und Japan angenommen werden.

Heute sind die Angehörigen der Gattung *Raphanus* (Rettich, Radies etc.) weltweit

Ölrettich, Blüte

Ölrettich, Schote, Samen

verbreitet. In der Nutzung stand wahrscheinlich die Verwendung der Rübenkörper als Gemüse im Vordergrund. Aber auch die Samen wurden zur Ölerzeugung verwendet.

Insbesondere in ostasiatischen Ländern wird Ölrettich für die Ölerzeugung angebaut. Dies galt auch für Europa, wobei das Öl überwiegend als Brennöl verwendet wurde.

Ölrettich als Ackerfutterpflanze wurde auf der Grundlage raschwüchsiger Typen Mitte des 20. Jahrhunderts in Europa entwickelt.

Die Pflanzen haben einen aufrechten Wuchs und verzweigen sich. Sie erreichen etwa 50 bis 100 cm Höhe. Die Blüten sind meist weiß, sie zeigen vielfach eine violette Aderung. Die Schoten sind nur schwach gekerbt. Am Stengelansatz erreichen sie eine Dicke bis zu 1 cm, die Gesamtlänge liegt bei 3 bis 4 cm. Im unreifen Zustand sind sie mit einem schwammigen Gewebe ausgefüllt, in das die Samen eingebettet sind. Das Tausendkorngewicht erreicht ca. 15 bis 20 g.

Die Entwicklungsdauer der Pflanze ist mit sechs bis acht Wochen kurz. Hieraus ergibt sich eine besondere Eignung für den Anbau als Stoppelfrucht. Die Biomasse kann grün verfüttert werden.

Markstammkohl

Brassica oleracea L. convar. **acephala** (DC). Alef. var. **medullosa** Thell. (*Brássica* = röm. Name für Kohl; *oleráceus* = als Gemüse verwendbar; *acéphalus* = griech. *aképhalos (ἀκέφαλος)* kopflos; *medullósus* = mit Mark versehen); engl. *marrow-stem kale*, franz. *chou moellier*, span. *col medullar*. Zweijährige Pflanzen; Familie Brassicaceae = Cruciferae (Kreuzblütler); diploide Genomstruktur (2n = 2x = 18; x = 9; auch 2n = 4x bekannt). Ernteteil: Sproßmasse. Inhaltsstoffe: Trockensubstanzgehalt ca. 13 %, Eiweiß ca. 1,8 %.

Markstammkohl steht in naher Verwandtschaft zu den anderen Kulturpflanzen in der Gattung *Brassica* wie Raps, Kohl, Rübsen etc. (vgl. Tabelle Seite 61). Markstammkohl ist eine zweijährige Pflanze. Im ersten Jahr wird das vegetative Sproßsystem entwickelt. Die Pflanzen benötigen für hohe Grünmasseerträge eine volle Vegetationszeit. Nach frühräumenden Hauptfrüchten kann auch mit Jungpflanzen ein Bestand angelegt und unter günstigen Wachstumsbedingungen im Herbst noch ein erheblicher Ertrag erzielt

Markstammkohlbestand

Markstammkohlpflanze; Sorte eines blattreichen Typs

werden. Markstammkohl als Hauptfrucht kann mit Samen oder Jungpflanzen bestellt werden. Heute dürfte ausschließlich die Ansaat üblich sein.

Die Pflanzen entwickeln eine kräftige Hauptsproßachse, die bis 1 m Höhe erreichen kann. Die Sproßachse ist voll beblattet. Anschließend beginnen sich die Sproßachsen zu verdicken; Assimilate werden in die Gewebe der Sproßachsen eingelagert. Die von Markstammkohlbeständen erzeugte Biomasse beruht zu einem wesentlichen Teil auf den Sproßachsen der Pflanzen.

Markstammkohl kann frisch verfüttert werden. Eine Konservierung über Silage ist möglich, aufgrund der geringen Trockensubstanzgehalte aber wenig zweckmäßig. Für die Frischverfütterung ergeben sich insoweit günstige Voraussetzungen, als die Bestände relativ frostfest sind und nach dem Einsetzen der kalten Jahreszeit noch bis in den Winter hinein auf dem Felde für eine regelmäßige Beerntung verbleiben können.

Man unterscheidet bei den angebauten Sorten zwischen blattreichen Typen und in der Stengelmasse stark entwickelten Formen. Blattreiche Typen sind im Hinblick auf den Futterwert günstiger zu beurteilen. Anbaugebiete im kühl-maritimen Klima, also niedrigen Temperaturen und feuchten Witterungsverläufen sowie nicht zu stark ausgeprägten Frosttemperaturen im Winter, sind besonders geeignet.

Phazelie (Büschelschön)

Phazelienbestand

Phacelia tanacetifolia Benth. (*Phacélia* = griech. *phákelos* (*φάκελος*), Bündel/Büschel; *Tanacetum* = Rainfarn, *tanacetifólia* = mit Blättern wie Rainfarn); engl. *california blue bell*, franz. *phacelie*, span. *facelia*. Einjährige Pflanzen; Familie Hydrophyllaceae (Wasserblattgewächse); diploide Genomstruktur (2n = 2x = 22; x = 11). Ernteteil: Sproßmasse.

Das Herkunftsgebiet der Phazelie ist Kalifornien. Sie wurde zunächst als Zierpflanze und Bienenweide in Europa genutzt. Die Phazelie ist ein einjähriges, krautiges Gewächs, das sich stark verzweigt.

Phazelie, Blütenstände

Die Blütenstände sind endständig als lange, dichte, ährenförmige Trauben angelegt. Die Blütenfarbe ist hellblau. Die Pflanze ist behaart.

Die Verwendung der Phazelie als Futterpflanze ist wenig verbreitet, da die Grünmasse von den Tieren ungern aufgenommen wird. Die Sproßmasse wird zu Blühbeginn geerntet; die Biomasse wird frisch verfüttert.

Als Zwischenfruchtpflanze zur Gründüngung ist die Phazelie aber sehr geschätzt. Als Angehörige einer Pflanzenfamilie, aus der keine weiteren Kulturpflanzen im Anbau sind, überträgt sie weder Krankheitserreger noch Schädlinge von Kulturpflanzenarten.

Die Phazelie kann auch unter trockenen und armen Standortbedingungen angebaut werden. Als Bienenweide ist die Pflanze zu empfehlen. Sie wird heute in Nordamerika, Europa und West- sowie Mittelasien angebaut.

Sonderkulturen

Tabak

Nicotiana tabacum L. (*Nicotiána* = nach Jean Nicot (1530 bis 1600) benannt, der den Tabak nach Europa eingeführt hat; *tabácum* = indianischer Name für die Tabakpflanze); engl. *tobacco*, franz. *tabac (commun)*, span. *tabaco (de Virginia)*. Einjährige (auch mehrjährige) Pflanzen; Familie Solanaceae (Nachtschattengewächse); alloploide Genomstruktur (2n = 4x = 48; x = 12; auch höhere x-Stufen bekannt). Ernteteil: Blätter (entrippt). Inhaltsstoffe: Trokkensubstanzgehalt ca. 15%, Eiweiß ca. 1,5%; neben Geschmacksstoffen 1 bis 10% Nikotin in der Trockenmasse.

Die Herkunft des Tabaks liegt in Südamerika. Bereits die indianische Urbevölkerung Süd- und Mittelamerikas (Mexiko, Kolumbien, Venezuela, Brasilien) kannte diese Tabakart als Droge und baute Tabak auch an.

Zunächst dürfte Tabak als Kautabak verwendet worden sein; später haben sich Formen entwickelt, die über das Abrauchen als Genußmittel genutzt wurden.

Neben den Anbaugebieten in Süd-, Mittel- und Nordamerika ist Tabak auf erheblichen Flächen in der UdSSR, in China und Europa sowie Afrika und Australien ver-

Tabakpflanzenbestand

Tabakpflanze

breitet. Grundsätzlich handelt es sich um eine Pflanzenart, die günstige Anbaubedingungen unter tropischen und subtropischen Klimaverhältnissen findet. Trotzdem wird Tabak aber auch in gemäßigten Breiten angebaut. Dies gilt für zahlreiche Gebiete in Europa. In der Bundesrepublik findet sich bis nach Schleswig-Holstein Tabakanbau. Die Möglichkeit des Anbaus unter vergleichsweise kühlen Bedingungen ergibt sich aus einer Anbautechnik, bei der zunächst Setzlinge unter Glas gezogen werden. Erst mit Beginn der warmen Jahreszeit werden diese Jungpflanzen ins Freiland gebracht.

Im Tabakanbau werden Blätter erzeugt, die nach Entfernen der Rippen und Trocknungs- sowie Fermentierungsprozessen als „Tabak“ auf den Markt gelangen. In den Verwendungsrichtungen können Zigaretten-, Zigarren- und Pfeifentabak unterschieden werden. Daneben wird auch Schnupf- und Kautabak hergestellt. Bei Zigarren sind noch spezielle Produktionen für Um- und Deckblätter zu berücksichtigen. Die Samen sind ölreich; es kann ein sehr gutes Speiseöl aus ihnen gewonnen werden.

Tabak ist als Genußmittel in Kultur genommen worden. Die spezifische Wirkung beruht auf dem Alkaloid Nikotin (sowie Nornikotin und Anabasin). Nikotin ist eine bei Pflanzen sehr selten auftretende Verbindung. Die Synthese des Nikotins erfolgt in den Wurzeln, von dort gelangt die Verbindung in den Sproß. Die Wirkung beruht auf einer Erregung des Nervensystems im menschlichen Körper, die zu einer Erhöhung des Adrenalinspiegels führt. Nikotin wird mit dem Rauch aufgenommen. Aus Schnupf- und Kautabak wird die Verbindung direkt über das Hautgewebe resorbiert. Der Rauch enthält neben dem Nikotin auch karzinogene Verbindungen.

Man kann bei der Tabakerzeugung für die Herstellung von Zigaretten- und Pfei-

Tabakpflanzenbestand in der Ernte

fentabaken Virgin-, Burley- und Maryland-Typen unterscheiden. Orienttabake stellen eine besondere Varietät dar; sie werden aufgrund ihrer geschmacklichen Eigenschaften anderen Tabaken beigemischt. Für Zigarrentabake werden Brasil-, Havanna- und Kentucky-Typen angebaut. Die Kentucky-Varietäten können auch zur Herstellung von Kautabak genutzt werden. Bei Zigarren wird außerdem noch zwischen Deckblatt und Umblattqualität unterschieden.

Zigarren entwickeln einen alkalischen Rauch (der meist nicht inhaliert werden kann), im Gegensatz zum Zigarettenrauch, der schwach sauer ist.

Tabakpflanzen sind einjährige Pflanzen. Aus den (sehr feinen) Samen entwickeln sich Pflanzen, die an einer Hauptachse eine größere Anzahl von Blättern bilden. In den Blattachseln können Seitentriebe (Geiztriebe) entspringen. Diese Geiztriebe sind für die Tabakproduktion unerwünscht. Die Pflanze wird 2 bis 2,5 m hoch. Endständig werden an den Hauptsproßachsen die Blüten angelegt; der Blütenstand kann 100 bis 150 Blüten umfassen.

Beim Tabak ist die Blüte rötlich gefärbt. Aus den Blüten bildet sich nach der Befruchtung eine Kapsel, die zahlreiche feine Samen enthält (eine Pflanze kann bis zu 1 Mio. Samen bilden); das Tausendkorngewicht liegt bei 80 mg. Die Anzahl der Blätter variiert in Abhängigkeit von der Varietät, man kann 20 bis 30 Blätter an der Pflanze erwarten.

Die Blätter werden meist mit der fortschreitenden Alterung, die an der Verfärbung (Vergilbung) der Blattspreiten erkennbar ist, an der Pflanze von unten nach oben geerntet. Hieraus ergeben sich Erntestufen, die als Grumpen (unterste Blätter), Sandblatt, Mittelgut, Hauptgut und Obergut bezeichnet werden. Gelegentlich wird auch eine Ganzpflanzenernte vorgenommen.

Tabakpflanzen, Blütenstand

Nach der Ernte werden die Blätter getrocknet. Das ursprüngliche und auch heute meist noch angewandte Verfahren ist eine Lufttrocknung. Daneben ist auch eine Heißlufttrocknung entwickelt worden, bei der mit erhitzter Luft gearbeitet wird. Bei den Trocknungsverfahren soll die Wasserabgabe nicht rasch, sondern langsam verlaufen, um Reifungs- und Abbauprozesse in den Blättern zu ermöglichen. Bei der

Kapseln von Tabak (links) und Bauerntabak (rechts) und Tabaksamen

Heißlufttrocknung liegt ein kontrollierter Trocknungsprozeß vor, der ebenfalls zu entsprechenden Abbauvorgängen in den Blattgeweben führt. Für die Lufttrocknung werden meist ein bis über zwei Monate benötigt, bei der Heißlufttrocknung kann das Verfahren innerhalb einer Woche abgeschlossen werden.

Nach der Trocknung werden die Blätter zunächst einmal gelagert. In dieser Zeit fermentieren die Blattgewebe. Hierbei bildet sich eine (gewünschte) braungelbe Verfärbung, Eiweiße, Zucker und Stärke werden abgebaut; ferner werden Aromastoffe entwickelt und damit der charakteristische Geschmack und Geruch der Tabakblätter erzeugt. Abschließend wird das Erntegut sortiert und für die Verarbeitung vorbereitet.

Die Aussaat der Tabaksamen erfolgt in Warmbeeten. Die Temperaturminima der Keimung liegen bei ca. 12 °C. Die Jungpflanzen werden – unter den klimatischen Bedingungen Deutschlands – Ende Mai ausgepflanzt. Etwa 15 bis 20 Blätter je Pflanze sind zu ernten. Die Geiztriebe in den Blattachseln werden vielfach entfernt; dies gilt meist auch für die endständigen Blüten. Dadurch kann die Abreife etwas beschleunigt werden. Wesentlich ist aber die Erhöhung des Nikotingehaltes im Erntegut.

Bauerntabak

Nicotiana rustica L. (*Nicotiána* = nach Jean Nicot (1530 bis 1600) benannt, der den Tabak nach Europa eingeführt hat; *rústicus* = bäuerlich, einfach); engl. *green tobacco*, franz. *tabac rustique*, span. *tabaco rustico*. Einjährige (auch mehrjährige) Pflanzen; Familie Solanaceae (Nachtschattengewächse); alloploide Genomstruktur ($2n = 4x = 48$; $x = 12$). Ernteteil: Blätter (entrippt und nicht entrippt). Inhaltsstoffe: Trockensubstanzgehalt ca. 15%, Eiweiß ca. 1,5%; neben Geschmacksstoffen insbesondere Nikotin mit 1 bis 10% in der Trockenmasse.

Bauerntabak wurde früher, insbesondere auch in ungünstigen Lagen, relativ weit verbreitet angebaut. Diese Tabakart war bereits vor der Entdeckung Amerikas bei den Indianern als Genußmittel bekannt und wurde angebaut. Die heutige Verbreitung findet sich in Amerika, in einigen Gebieten Europas sowie der UdSSR; auch

Bauerntabak

in Indien und China wird der Bauerntabak auf kleinen Flächen kultiviert. Allerdings wird die Ernte meist nicht mehr zur Erzeugung des Genußmittels „Tabak" verwendet, sondern aufgrund des hohen Alkaloid-Gehaltes zur Nikotingewinnung.

Die Pflanzen zeichnen sich in der Blattform durch runde, kleine Blätter aus. Ihre Blüten sind grünlich bis gelb. Die Pflanzenhöhe ist meist geringer als 1 m. Vegetationsverlauf und Anbaubedingungen entsprechen denen von *N. tabacum*.

Hopfen

Humulus lupulus L. (*Húmulus* = wahrscheinlich latinisierter niederdeutscher Name des Hopfens; *lúpulus* = ital. *lupulo*, Hopfen); engl. *hop*, franz. *houblon*, span. *lupulo*. Mehrjährige (Kletter-)Pflanzen; Familie Moraceae = Cannabaceae (Maulbeerbaumgewächse); diploide Genomstruktur (2n = 2x = 20; x = 10). Ernteteil: weibliche Blütenstände (Hopfendolden). Inhaltsstoffe: ätherische Öle ca. 1%, Harze (Humulon, Lupulon) als Grundlage von Aromastoffen.

Wildtypen des Hopfens sind weit verbreitet und finden sich in asiatischen und europäischen Gebieten. Die Übergänge zu den genutzten Typen, die als Kultivare (Sorten) angebaut werden, sind fließend. Die Herkunft ist wahrscheinlich Innerasien. Heute werden überwiegend züchterisch bearbeitete Sorten angebaut. Anbau von Hopfen findet sich in Europa, der UdSSR, in Asien (China, Japan, Indien), in Nordamerika sowie in Australien und Neuseeland.

Bei der Pflanze handelt es sich um eine ausdauernde Rebe, die zum Anbau Stützgerüste benötigt. An diesen Gerüsten entwickelt sich im Jahresablauf aus einem Wurzelstock eine größere Anzahl von rankenden Sproßachsen, die bis über 7 m Länge erreichen. An den Hauptsproßachsen bilden sich im mittleren und oberen Teil auch Seitensproßachsen. Hopfenpflanzen sind diözisch; es werden ausschließlich weibliche Pflanzen angebaut (und genutzt). Im oberen Teil der Sproßachse bilden sich zapfenförmig strukturierte Blütenstände, die in den Achseln der Blätter angelegt werden. Etwa 60 Blüten können in den Blütenständen zusammengefaßt sein. An Deck- und Vorblättern (Fruchtschuppen) finden sich besonders zahlreich Lupulindrüsen

Hopfenanlage

Hopfendolden

und ein gelbes Hopfenmehl (Lupulin) mit Bitterstoffen und ätherischen Ölen. Die wichtigen aromagebenden Stoffe sind die Hopfenbittersäuren Humulon und Lupulon; diese verharzen, wobei chemische Veränderungen eintreten. Die Umwandlungsprodukte erzeugen den bitteren Geschmack im Bier. Sie haben außerdem eine bakteriostatische Wirkung. Bei den ätherischen Ölen handelt es sich um Myrcen und andere Terpene. Diese Öle werden gelegentlich auch für die Pharmazie und die Parfümindustrie gewonnen. Schließlich sind Gerbstoffe, die sich ebenfalls in den Geweben der Blütendolde befinden, für die Konservierung und den Geschmack des Bieres von Bedeutung. Hopfenextrakten wird eine Wirkung als Sedativum zugesprochen.

Die chemischen Bestandteile des Hopfens, die beim Brauprozeß und der Bierherstellung wirksam werden, bestimmen die Geschmackseigenschaften des Bieres, tragen zur Konservierung dieses Getränkes bei, fördern die Eiweißausfällung und stabilisieren den Schaum.

Wirksam werden die Hopfenbitterstoffe, die aus der Harzfraktion des Hopfenmehls entstehen, ferner die ätherischen Öle, die überwiegend als Exkret der Drüsenhaare vorliegen (Hopfenöl), und schließlich auch die Gerbstoffe (Tannin). Es werden 170 bis 400 g Hopfen/hl Bier im Sudprozeß verwendet.

Im achten und neunten Jahrhundert finden sich die ersten Hinweise auf die Nutzung des Hopfens als Bestandteil des Bieres. In Europa wird Hopfen seit dem 13./14. Jahrhundert angebaut. Heute ist der Hopfenanbau weltweit verbreitet, sofern die Standortbedingungen dies zulassen. Bei den Standortansprüchen ist die ausreichende Wasserversorgung sehr wesentlich. Es kommen daher nur tiefgründige Standorte mit einer guten Wasserbevorratung in Frage (jährliche Niederschlagshöhe um 800 bis 1000 mm) oder Standorte mit Grundwasser, das von den Wurzelsystemen der Pflanzen erreicht werden kann. Ferner ist ein gewisses Wärmebedürfnis zu beachten, wobei hohe Temperaturen in der

Hopfendolden, geerntet

Hauptwachstumsperiode zwischen Juni und Ende August erwünscht sind. Diese spezifischen Standortansprüche haben innerhalb einer weltweiten Verbreitung des Hopfens - dies aufgrund der Bierproduktion - jeweils zu regional begrenzten Anbaugebieten geführt.

Die Vermehrung der Hopfenpflanzen erfolgt durch Stecklinge (Fechser). Die Pflanzenbestände werden vieljährig genutzt, wobei an festen Gerüsten („Hopfengarten") mit Holzmasten von 8 bis 10 m Länge und Ankerseilen sowie Querdrähten den heranwachsenden Reben über Steigdrähte Halt gegeben wird. Die Reben entwickeln sich jedes Jahr aus dem Wurzelstock; sie werden an den Steigdrähten hochgeleitet. Im Herbst erntet man die Hopfendolden. Hierzu werden die Sproßachsen am Wurzelstock abgeschnitten und die gesamten Pflanzen aus dem Gerüst geholt. Früher war das Pflücken der Hopfendolden ausschließlich Handarbeit, heute stehen Pflückmaschinen zur Verfügung. Die Hopfendolden werden getrocknet (auf 10 bis 12% Feuchtigkeit). Für die Trocknung werden Darren mit Heizungen verwendet, die Temperaturen liegen bei etwa 60 bis 65 °C. Der getrocknete Hopfen wird konditioniert und damit eine gleichmäßige Feuchte (12%) innerhalb der Doldenmasse hergestellt.

Feldgemüse

Von der Ackerfläche der Bundesrepublik Deutschland wird z. Z. etwa 1% mit Kulturpflanzenarten des Gemüsebaus bestellt. Die Eigenproduktion der Bundesrepublik Deutschland deckt etwa ein Drittel der Nachfrage.

Beim Feldgemüseanbau handelt es sich um eine besonders intensive Flächennutzung. Landwirtschaftliche Betriebe mit Gemüseanbau sind regelmäßig auf bestimmte Gemüsearten spezialisiert. Meist ist eine regionale Konzentration des Feldgemüsebaus zu finden, wobei neben natürlichen Standortvoraussetzungen die günstige Lage zum Abnehmer Bedeutung haben – bei Frischgemüse regelmäßig größere Städte, bei Konservengemüse die Verarbeitungseinrichtungen.

Es stehen mehr als 50 Feldgemüsearten für die Nutzung in der Bundesrepublik Deutschland zur Verfügung. Die Anbaufläche der einzelnen Art ist meist nur klein. Kopfkohl nimmt mit ca. 20% der Anbaufläche für Feldgemüse den größten Anteil ein. Flächenanteile von ca. 6 bis 9% finden sich jeweils für Blumenkohl, Kopfsalat, Möhren, Spargel, Erbsen und Bohnen. Die Flächenanteile für Kohlrabi, Spinat, Sellerie, Porree, Gurken und Zwiebeln betragen jeweils 2 bis 5%. Bei allen anderen Gemüsearten handelt es sich grundsätzlich um Spezialkulturen.

Kohlpflanzenbestände

Unsere Feldgemüsearten werden nach den Produkten in *Wurzelgemüse, Knollengemüse, Zwiebelgemüse, Kohlgemüse, Fruchtgemüse, Gemüsehülsenfrüchte* sowie *Blatt- und Stielgemüse* eingeteilt; ferner ist noch Spargel zu nennen.

Zu den *Wurzelgemüsearten* werden Möhre, Rettich, Kohlrübe, Speiserübe (Stoppelrübe), Schwarzwurzel, Wurzelpetersilie, Pastinak und Meerrettich gezählt. Zum *Knollengemüse* gehören Rote Bete, Knollensellerie, Kohlrabi und Radies. Als *Zwiebelgemüse* werden Porree und Zwiebel bezeichnet. Als *Kohlgemüse* werden verschiedene Kohlvarietäten genutzt; mit Ausnahme des Chinakohls sind die verschiedenen Kohltypen als Konvarietäten bzw. Varietäten auf den Wildkohl *(Brassica oleracea* L. var. *oleracea)* zurückzuführen, der als Wilder Strauchkohl an den atlantischen Küsten Europas bzw. des Mittelmeers wächst. Es gibt in der Bundesrepublik mehrere typische Kohlanbaugebiete (z. B. Fehmarn, Dithmarschen, Filder). Die geschmacklichen Eigenschaften der verschiedenen Kohltypen werden von den für Kreuzblütler (Cruciferae = Brassicaceae) typischen Glukosinolaten (vgl. Seite 62) bestimmt. Zu den *Fruchtgemüsen* werden Gurke, Kürbis, Tomate und Paprika gezählt. Überwiegend werden diese Gemüsearten im gärtnerischen Anbau erzeugt; im Feldgemüseanbau sind daher die Flächen für Fruchtgemüse relativ klein. Lediglich der Gurkenanbau erreicht ca. 2 bis 2,5% der Feldgemüseanbaufläche. Schließlich sind die *Gemüsehülsenfrüchte* zu nennen, zu denen die Puffbohne (Dicke Bohne), die Gartenbohne sowie die Erbse gehören. Im Feldgemüseanbau werden überwiegend Gemüsehülsenfrüchte als Rohware erzeugt, also zur Ernte im unreifen Zustand. Die Produkte werden zum überwiegenden Teil in der Konservenindustrie verwendet.

Schließlich sind noch *Blatt- und Stielgemüse* zu nennen. Hierzu gehören Kopfsalat, Spinat, Mangold und Endivie ferner auch Pflücksalat, Feldsalat, Chinakohl und Petersilie. Lediglich der Kopfsalat- und Spinatanbau kommen auf nennenswerte Anbauflächen innerhalb des Anbaus von Blatt- und Stielgemüse. Spargel nimmt als Feldgemüseart eine Sonderstellung ein; er bildet ausdauernde Bestände, die mehrjährig genutzt werden.

Möhre (Karotte)

Daucus carota L. ssp. **sativus** (Hoffm.) Arcang. (siehe Möhre Seite 114).

Die Möhre als Pflanze des Feldgemüseanbaus wird mit zahlreichen Sorten genutzt, die sich in der Vegetationsdauer sowie in Größe, Form und Farbe der Rübenkörper unterscheiden. Die z. T. sehr erheblichen Unterschiede zwischen den Sorten folgen den Bedürfnissen des Marktes, wobei die Erzeugung einer frischen Ware für die Vermarktung von Bedeutung ist. Ferner werden für die Konservenindustrie bestimmte Größen und Formen der Rübenkörper benötigt. Die flächenbezogene Ertragsleistung tritt gegenüber den spezifischen Anforderungen an Vegetationsdauer sowie Rübengröße und -form zurück.

Möhrenpflanze, Rübenkörper

Man unterscheidet Frühsorten, die frisch vermarktet werden (mit Laub) und nur eine geringe Lagerfähigkeit aufweisen. Späte Sorten können dagegen in Lagerräumen mit niedrigen Temperaturen (um +2 °C) oder auch in Kellern und Mieten gehalten werden. Das Marktangebot erfolgt regelmäßig mit gewaschener Ware. Naßkonserven werden aus ganzen Rüben, die dann meist relativ klein und rund geformt sind sowie aus geschnittenen und gewürfelten Rübenkörpern hergestellt. Die Mohrrüben können als Naßkonserven auch in Mischungen (z. B. Leipziger Allerlei) angeboten werden.

Eine spezielle Verarbeitung stellen Sauerkonserven dar. Ein Teil der Mohrrübenernte wird auch als Trockengemüse verwertet; hierzu werden die Rübenkörper regelmäßig geschnitten oder auch zu Pulver bzw. Grieß vermahlen. Die Trockenware von Karotten wird mit schwefliger Säure vorbehandelt.

Ernährungsphysiologisch sind Inhaltsstoffe des Rübenkörpers interessant. In 100 g Möhren finden sich durchschnittlich ca. 5 bis 20 mg Karotin, die Vitamine B und C ferner 5 g Zucker, Mineralstoffe, ätherische Öle und Pektin. Möhren sind Bestandteil von Säuglingsnahrung. Es kann Saft sowohl frisch als auch nach Milchsäuregärung hergestellt werden.

Kohlrübe (Wruke, Steckrübe)

Brassica napus L. emend. Metzg. var. **napobrassica** (L.) Rchb. (siehe Kohlrübe Seite 110).

Die Kohlrübe wurde früher ausschließlich als Viehfutter angebaut. Im landwirtschaftlichen Betrieb fanden sich vielfach größere Anbauflächen für Kohlrüben, um Futter für die Viehhaltung zu erzeugen. Nur in Notfällen, insbesondere wenn der Kartoffelanbau versagte, wurden Kohlrüben auch als ein Grundnahrungsmittel verwendet. Heute wird die Kohlrübe als Gemüse genutzt; überwiegend verwendet man für diesen Zweck gelbfleischige Formen, die den weißfleischigen geschmacklich überlegen sind. Die gelbe Färbung rührt von Karotinen her, insbesondere dem β-Karotin (Provitamin A). Bei den verdaulichen Kohlenhydraten (ca. 7%) handelt es sich überwiegend um Zucker.

Da sich die Kohlrübe sehr rasch entwikkelt, kann sie noch nach einer früh räu-

Kohlrübenpflanzenbestand

Kohlrübenpflanze im Bestand

Kohlrübe, Rübenkörper

menden Hauptfrucht angebaut werden. Hierfür sind in Beeten Jungpflanzen heranzuziehen, die dann nach dem Räumen der Hauptfrucht ausgepflanzt werden. Regelmäßig vor Einsetzen des Frostes wird geerntet. Zunächst werden die Rüben geköpft, um das Laub zu entfernen, anschließend werden die Rübenkörper aus dem Boden gehoben.

In Räumen mit niedrigen Temperaturen (um +1 °C) können die Rüben einige Monate gelagert werden. Grundsätzlich ist auf eine hohe Luftfeuchtigkeit zu achten, da sonst die Rüben zu viel Wasser abgeben und welken. Für den Verkauf werden die Rüben gewaschen.

Speiserübe (Weiße Rübe, Wasserrübe, Stoppelrübe)

Brassica rapa L. emend. Metzg. var. **rapa** (Stoppelrübe Seite 112).

Die Speiserübe findet sich heute vielfach mit dem Nutzungszweck „Gemüse" im Anbau. Früher wurde sie wohl nahezu ausschließlich als Viehfutter verwendet. Es stehen für den Anbau zahlreiche Sorten zur Verfügung, die sich in Form, Größe und Farbe unterscheiden.

Längliche, halblange und runde Rübenkörper sind bekannt. Die Färbungen des obersten Rübenteils (Rübenkopf) können sortenspezifisch weiß, grau, grün, rötlich und violett variieren.

Die Vegetationsdauer bis zur Erzeugung erntereifer Ware beträgt bei manchen Sorten nicht mehr als 9 bis 10 Wochen. Hieraus ergibt sich die Möglichkeit, bereits sehr frühzeitig im Jahr (Mairübe) oder auch noch nach anderen Kulturpflanzen (Herbstrübe) Speiserüben anzubauen. Die Bestän-

Speiserübenpflanze, Rübenkörper

de werden angesät und später auf Endabstände vereinzelt. Die ausgewachsenen Pflanzen sind relativ frostunempfindlich, so daß die Ernte bis in den November hinein vorgenommen werden kann. Die Rüben lassen sich gut mit der Hand ernten; auf kleinen Flächen dürfte dies auch die Regel sein. Die Haltbarkeit der Speiserübe ist gering, die Ernte wird daher meist rasch vermarktet. Besonders kleine Formen sind unter dem Namen „Teltower Rübchen“ bekannt.

Schwarzwurzel

Scorzonera hispanica L. (*Scorzonéra* = franz. *scorzone*, Giftschlange (Mittel gegen Schlangenbisse); *hispánicus* = aus Spanien stammend); engl. *black salsify*, franz. *salsifis noir*, span. *salsifi negro*. Mehrjährige Pflanzen; Familie Compositae = Asteraceae (Korbblütler); diploide Genomstruktur ($2n = 2x = 14$; $x = 7$). Ernteteil: Pfahlwurzel. Inhaltsstoffe: Kohlenhydrate ca. 15,6%, Eiweiß ca. 1,4%, Fett ca. 0,5% (Wasser ca. 78%).

Die Schwarzwurzel weist in der Bundesrepublik Deutschland nur eine kleine Anbaufläche auf, in Europa finden sich aber einige tausend Hektar im Anbau. Die Herkunftsgebiete liegen in Süd- und Mitteleuropa sowie (wahrscheinlich) in den südlichen Gebieten der UdSSR. Die Domestikation könnte in Spanien stattgefunden haben. Zunächst diente die Schwarzwurzel als Heilpflanze. Im 17. Jahrhundert begann man, diese Pflanze auch als Gemüse zu verwenden. Genutzt werden die walzenförmigen, verdickten Pfahlwurzeln. Sie haben eine schwarze Rinde, einen hohen Trockensubstanzgehalt (mehr als 20%) und sondern bei Verletzung einen weißen Milchsaft ab. Für die Verarbeitung zu Gemüse bzw. zur Konservierung werden die schwarzen Rindenteile entfernt. Ein interessanter Inhaltsstoff ist das Polysaccharid Inulin.

Schwarzwurzelpflanze

Die Schwarzwurzel ist eine ausdauernde Pflanze. Im ersten Jahr werden etwa 30 bis 40 cm lange, walzenförmige Pfahlwurzeln mit einem Durchmesser von 2 bis 3 cm angelegt. Die Pflanzen sind winterhart, die Ernte kann daher bis in den Winter hinein oder ggf. im Frühjahr erfolgen. Im zweiten Jahr treiben die Pflanzen erneut aus und bilden Blütenstände.

Knollenpetersilie (Petersilienwurzel)

Petroselinum crispum (Mill.) Nym. ex A. W. Hill ssp. **tuberosum** (Bernh. ex Rchb.) Soó; (*Petroselínum* = griech. *pétros* (*πέτρος*), Fels, griech. *sélinon* (*σέλινον*), Eppich/Sellerie); engl. *turnip-rooted parsley*, franz. *persil à grosse racine*, span. *perejil grande*. Zweijährige Pflanzen; Familie Umbelliferae = Apiaceae (Doldenblütler); diploide Genomstruktur (2n = 2x = 22; x = 11). Ernteteil: Rübe (überwiegend Wurzelgewebe). Inhaltsstoffe: Kohlenhydrate ca. 5,5%, Eiweiß ca. 3%, Fett ca. 0,5% (Wasser ca. 88%); als Geschmacksstoffe ätherische Öle, wie Apiol, Myristicin u. a.

Knollenpetersilie (=Wurzelpetersilie) und Blattpetersilie (ssp. *crispum*) sind Unterarten der Petersilie, die als Wildpflanze in Südosteuropa und Westasien relativ weit verbreitet ist.

Genutzt wurden die Pflanzen bereits im Altertum im Mittelmeergebiet. Heute findet sich die Pflanze weltweit im Anbau, sie wird in Europa, Asien und Amerika und regional auch in Afrika angebaut.

Die Wurzelpetersilie wurde zunächst als Gewürz genutzt. Die heutige Verwendung stellt eine Kombination von Gewürz und Gemüse dar. Auch die Blätter können genutzt werden.

Alle Teile der Pflanze enthalten - wenn auch in unterschiedlichen Konzentrationen - relativ große Mengen an Vitamin C ferner an Mineralstoffen Eisen und Kalzium sowie an spezifischen Verbindungen des Karotins.

Interessant sind auch ätherische Öle, die Apiol, Myristicin und Furano-Kumarine sowie weitere Verbindungen aufweisen.

Knollenpetersilie, Rübenkörper

Diese Substanzen sind in der Pharmazie von Bedeutung, sie können als Diuretikum verwendet werden.

Die Petersilienpflanzen sind zweijährig. Im ersten Jahr werden der hypertrophierte Wurzelkörper (Ernteprodukt) sowie eine Blattrosette gebildet. Erst im zweiten Jahr werden aus der Rosette Sproßachsen entwickelt, an denen sich die Blütenstände (Dolden) bilden.

Pastinak

Pastinaca sativa L. (*Pastináca* = röm. Pflanzenname, vielleicht abgeleitet von *pastus*, Nahrung; *satívus* = angebaut/angepflanzt); engl. *parsnip*, franz. *pastenaque*, span. *chirivía*. Zweijährige Pflanzen; Familie Umbelliferae = Apiaceae (Doldenblütler); diploide Genomstruktur (2n = 2x = 22; x = 11). Ernteteil: Rübe (überwiegend Wurzelgewebe). Inhaltsstoffe: Kohlenhydrate ca. 3,5%, Eiweiß ca. 1,2%, Fett ca. 0,5% (Wasser ca. 80%).

Die Pastinake (der Pastinak) ist eine in Europa weit verbreitete Wildpflanze. Sie wurde im europäischen Raum auch domestiziert. Heute findet sich der Anbau weltweit, z. T. ist die Pflanze auch wieder verwildert. Anbaugebiete sind in Nord- und Südamerika, Südafrika, Asien, Australien und Neuseeland.

Pastinak, Rübenkörper

Geerntet wird der im ersten Jahr von der Pflanze ausgebildete Rübenkörper. Die Rüben sind gelblich bis leicht bräunlich, der innere Teil ist weiß. Ihre Länge kann 40 cm, das Gewicht der Einzelrüben bis über 1 kg erreichen. Es handelt sich um ein nährstoffreiches Gemüse mit hohem Gehalt an Mineralstoffen, Zucker und Stärke. Ätherische Öle geben dem Rübenkörper einen gewürzartigen Geschmack. Die Rübenkörper sind winterfest und können auch im Boden überwintern.

Geerntete Rüben sind bei ca. 0 °C und hoher Luftfeuchte bis zu einem halben Jahr lagerfähig. Aus den trockenen, zerkleinerten und gerösteten Rüben kann auch ein Kaffee-Ersatz hergestellt werden.

Meerrettich

Armoracia rusticana Ph. Gärtn., B. Mey et Scherb. (*Armorácia* = gr./lat. Meerrettich; *rusticánus* = bäuerlich); engl. *horseradish*, franz. *raifort sauvage*, span. *rabano picante*. Mehrjährige Pflanzen; Familie Brassicaceae = Cruciferae (Kreuzblütler); polyploide Genomstruktur (2n = 4x = 32; x = 8). Ernteteil: Wurzeln („Stangen"). Inhaltsstoffe: Kohlenhydrate ca. 12,5%, Eiweiß ca. 2,8%, Fett ca. 0,3% (Wasser ca. 77%); Geschmacksstoff überwiegend das Glykosid Sinigrin (siehe Seite 62).

Meerrettich (süddeutsch: Kren) stammt aus dem östlichen Teil Europas bzw. südöstlichen Teil der UdSSR. Die Pflanze ist heute über ganz Europa verbreitet und oftmals auch als verwilderte Pflanzenart zu finden.

Im Anbau ist die Verbreitung weltweit; überwiegend sind es aber die gemäßigten Klimazonen, in denen Meerrettich angebaut wird. Europa und Nordamerika sind vorherrschend in der Erzeugung dieser Pflanze.

Die Ernteprodukte sind die stark entwickelten Wurzeln (Stangen), die etwa 3 bis 4 cm dick werden. Wertbestimmend ist der Gewürzcharakter, der im wesentlichen auf dem Glykosid Sinigrin beruht. Der scharfe Geschmack ist Grundlage der Verwendung von Meerrettich als Gewürz.

Meerrettich ist eine mehrjährige Pflanze. Im ersten Jahr wird eine Rosette gebildet, gleichzeitig entwickelt sich eine rübenartige Wurzel. Die Wurzel (Stange) stellt das Ernteprodukt dar. Im zweiten Jahr treiben

Meerrettichpflanze

Meerrettichpflanze, Wurzelstock

die Meerrettichwurzeln erneut aus und bilden ein Sproßsystem bis zu einer Höhe von 1 bis 1,50 m, an denen sich die Blüten befinden.

Die im ersten Jahr entwickelten Wurzeln können eine Stärke von 4 bis 6 cm erreichen. Die Vermehrung der Pflanzen erfolgt über Seitenwurzeln, die sich an der Hauptwurzel bilden. Diese Seitenwurzeln werden von der „Stange" entfernt und ausgelegt. An diesen Wurzeln (Fechser) bilden sich, insbesondere am oberen Teil, erneut Sprosse.

Die Stangen werden als Frischware nur selten angeboten. Überwiegend wird Meerrettich als Gewürz vermarktet. Es handelt sich dann um bereits geriebenen Meerrettich, der auch noch einige Zusätze (u. a. schweflige Säure) erhält. Die Verarbeitung kann auch in Mayonnaise, Senf oder Soßen erfolgen. Trockenprodukte werden ebenfalls angeboten.

Kohlrabi

Brassica oleracea L. convar. **acephala** (DC.) Alef. var. **gongylodes** L. (*Brássica* = röm. Name für Kohl; *oleráceus* = als Gemüse verwendbar; *acéphalus* = griech. *akephalos* (*ἀκέφαλος*) kopflos; *gongylódes* = rund); engl. *turnip cale*, franz. *chou rave*, span. *col rapano*. Zweijährige Pflanzen; Familie Brassicaceae = Cruciferae (Kreuzblütler); diploide Genomstruktur (2n = 2x = 18; x = 9). Ernteteil: Sproßknolle. Inhaltsstoffe: Kohlenhydrate ca. 4%, Eiweiß ca. 2%, Fett ca. 0,1% (Wasser ca. 91%).

Kohlrabi wird weltweit angebaut. Der Anbauschwerpunkt liegt jedoch in Mitteleuropa; insbesondere auch auf dem Gebiet Deutschlands haben die Erzeugung und der Verbrauch von Kohlrabi erhebliche Bedeutung.

Als Kulturpflanze ist Kohlrabi erst relativ spät (um 1000 n. Chr.) im nördlichen Teil Europas entstanden. Wahrscheinlich ist dieser Typ aus dem Markstammkohl hervorgegangen. Die Produktion erfolgt sowohl als Frischware für den Markt als auch für Naßkonserven und tiefgefrorene Ware. Der Vitamin-C-Gehalt ist relativ hoch (ca. 60 mg/100 g Frischmasse). Die geschmacklichen Eigenschaften ergeben sich aus den für Angehörige der Brassicaceae typischen Glukosinolaten.

Kohlrabipflanze, weiße Knolle

Kohlrabipflanze, rotblaue Knolle

Das Ernteprodukt sind Sproßknollen. Diese entwickeln sich auf der Grundlage eines primären Dickenwachstums im unteren Teil der Sproßachse. An der Knolle entspringen die Blätter, die eine rosettenartige Ausformung der Sproßachse ergeben. Zwei bis vier Blattpositionen der Sproßachse sind regelmäßig auch noch unterhalb der Knolle zu finden, so daß die Kohlrabiknolle auf einem kleinen Stiel steht, der die Verbindung zum Wurzelsystem herstellt.

Die im Handel befindlichen Sorten können unterschiedlich gefärbte Sproßknollen (grün bis blau) und insbesondere auch erhebliche Differenzen in der Vegetationsdauer aufweisen.

Bei Kohlrabi handelt es sich (grundsätzlich) um zweijährige Pflanzen, die nach Überwinterung und den damit wirksamen Vernalisationsreizen schossen und ein Sproßsystem mit Blütenständen entwickeln. Zum Anbau können die Bestände über Aussaat oder Jungpflanzen angelegt werden. Vielfach werden Jungpflanzen verwendet, da erntereife Pflanzen dann meist in eineinhalb bis zwei Monaten gewonnen werden können.

Rote Bete (Rote Rübe)

Beta vulgaris L. ssp. **vulgaris** var. **conditiva** Alef. (*Béta* = röm. Name für Rübe bzw. Runkelrübe; *vulgáris* = gewöhnlich, gemein; *conditívus* = zum Einlegen bestimmt); engl. *garden beet*; franz. *betterave potagère*, span. *remolacha hortelana.* Zweijährige Pflanzen; Familie Chenopodiaceae (Gänsefußgewächse); diploide Genomstruktur (2n = 2x = 18; x = 9). Ernteteil: Rübe (überwiegend Hypokotyl). Inhaltsstoffe: Kohlenhydrate ca. 9%, Eiweiß ca. 1,5%, Fett ca. 0,1% (Wasser ca. 89%).

Die Rote Bete ist bereits seit langem als Gemüsepflanze bekannt; sowohl im Mittelmeerraum als auch in Mitteleuropa geht die Nutzung zumindest bis auf das Mittelalter zurück. Als Gemüse- und Salatpflanze gewann die Rote Bete in den beiden letzten Jahrhunderten zunehmend an Bedeutung. In Europa finden sich in Frankreich und England relativ große Anbauflächen.

Das Ernteprodukt ist eine Rübe, die überwiegend aus dem Hypokotyl aufgebaut ist. Nur ein kleiner Teil im untersten Abschnitt der Rübe kann zum Wurzelgewebe gerechnet werden. Auffällig ist die rote Färbung, die auf das Glykosid Betanin zurückzuführen ist.

Der Rübenkörper ist ein nährstoffreiches Gemüse. Die Verwendung im frischen Zustand tritt zurück gegenüber der Verwendung als Salatgemüse (überwiegend als Naß- und Sauerkonserven). Es werden auch Saft hergestellt sowie Trocken- und Tiefkühlprodukte. Das Betanin kann als natürlicher Farbstoff bei Nahrungsmitteln verwendet werden; allerdings ist die Verbindung wenig beständig.

Bei der Roten Bete handelt es sich um eine zweijährige Pflanze, bei der im ersten Jahr der Rübenkörper und eine Blattrosette angelegt werden. Im zweiten Jahr schossen die Pflanzen und bilden Sproßsysteme mit Blüten (siehe *Beta*-Rüben). Es stehen zahlreiche Sorten zur Verfügung. Einige Sorten sind weißschalig und weißfleischig, weisen also nicht den typischen roten Farbstoff (Betalaine) auf. Geschmacklich ergeben sich aber keine Unterschiede zu den rot gefärbten Rüben.

Rote Bete, ein nährstoffreiches Gemüse; runde Form der Rübe

Rote Bete, längliche Form der Rübe

Knollensellerie

Knollensellerie

Apium graveolens L. var. **rapaceum** (Mill.) Gaud. (*Ápium* = röm. Name für Sellerie; *gravéolens* = stark riechend; *rapáceus* = rübenartig); engl. *rooted celery*, franz. *céleri rave*, span. *apio nabo*. Mehrjährige Pflanzen; Familie Umbelliferae = Apiaceae (Doldenblütler); diploide Genomstruktur (2n = 4x = 32; x = 8). Ernteteil: Rübe (Wurzel-, Hypokotyl- und Sproßgewebe, mit großem Anteil des Sproßgewebes). Inhaltsstoffe: Kohlenhydrate ca. 2,5%, Eiweiß ca. 1,5%, Fett ca. 0,3% (Wasser ca. 89%); geschmacksbestimmend sind ätherische Öle (Phthalide, u. a. Sedanolid).

Beim Sellerie können mehrere (genutzte) Varietäten unterschieden werden: Stielsellerie (var. *dulce*), Schnittsellerie (var. *secalinum*) und Knollensellerie (var. *rapaceum*). Die Pflanzenart stammt vom Sumpfsellerie ab, der im europäischen Raum eine Pflanze feuchter Standorte ist. Die Domestikation des Sellerie ist wahrscheinlich in den alten Kulturen im Mittelmeergebiet erfolgt. Zunächst dürften die Sproßteile als Gewürz verwendet worden sein. Die Nutzung als Gemüse bzw. Salatpflanze hat sich im 17. und 18. Jahrhundert entwickelt.

Heute ist Sellerie weltweit verbreitet und wird auch in tropischen Gebieten (in höheren Lagen über NN) kultiviert. In Europa finden sich in Frankreich und Italien größere Anbauflächen für Knollensellerie; in der Bundesrepublik werden etwa 3 bis 4% der Gemüseanbaufläche mit Knollensellerie bestellt.

Das Ernteprodukt beim Knollensellerie ist eine „Knolle“, die im oberen Teil Blätter, als Blattrosette, sowie Blattansatzstellen aufweist. Der untere Teil dieser Knolle besteht aus dem Hypokotyl und dem Wurzelgewebe. Der Gewürzcharakter sowie die geschmacklichen Eigenschaften des Sellerie sind auf ätherische Öle zurückzuführen, die in allen Teilen der Pflanze vorhanden sind. Bei den ätherischen Ölen handelt es sich um Phthalide, sie bestimmen Geruch und Geschmack. Die Rüben können als Suppengewürz verwendet werden, und auch eine Nutzung als Kochgemüse ist üblich. Ferner werden Sellerieknollen in der Konservenindustrie als Naß- bzw. Sauerkonserven verarbeitet, auch in Mischung mit anderen Gemüsearten. Die Geschmacksstoffe aus der Selleriepflanze können mit Wasserdampf extrahiert werden (Sellerieöl); dieses Öl wird für Gewürzsoßen und auch Liköre verwendet.

Es handelt sich beim Sellerie um eine zweijährige Pflanze. Zunächst wird die „Sproßknolle“ mit einer Rosette entwickelt. Erst nach der Überwinterung und unter Einfluß der Vernalisation wird ein etwa 1 bis 1,5 m hohes, stark verzweigtes Sproßsystem mit Blüten ausgebildet. Saatgut wird von zweijährigen Pflanzen gewonnen.

Radieschen

Raphanus sativus L. var. **sativus** (*Ráphanus* = griech. *ráphanos* (*ῥάφανος*), Rettich; *sativus* = angebaut/angepflanzt); engl. *small radish*, franz. *petit rave*, span. *rabanito*. Einjährige Pflanzen; Familie Brassicaceae = Cruciferae (Kreuzblütler); diploide Genomstruktur ($2n = 2x = 18$; $x = 9$). Ernteteil: Knolle (überwiegend Hypokotylgewebe). Inhaltsstoffe: Kohlenhydrate ca. 2,5%, Eiweiß ca. 1%, Fett ca. 0,1% (Wasser ca. 95%); geschmacksbestimmend Allylsenföl.

Radieschen gehört mit dem Rettich zur varietäten- und formenreichen Gattung *Raphanus* (siehe Ölrettich). In Europa werden etwa seit dem 16. Jahrhundert unterschiedliche Formen von Radieschen genutzt. Heute wird diese Gemüseart weltweit angebaut. Es stehen zahlreiche unterschiedliche Knollenformen, -farben und -größen zur Verfügung. Früher waren auch schwarze, gelbe und grau gefärbte Knollen im Anbau bekannt.

Die Knolle wird überwiegend aus dem Hypokotyl gebildet. In Abhängigkeit von der Sorte kann auch das Wurzelgewebe noch zur Ausbildung der Knolle im unteren Teil beitragen. Die geschmacklichen Eigenschaften ergeben sich aus den für Angehörige der Familie der Kreuzblütler typischen Glukosinolaten (Allylsenföl).

Bei der roten Färbung handelt es sich um Anthozyan. Die Vermarktung erfolgt als Frischware, meist werden Bündel der Radieschenpflanzen (mit Laub) angeboten. Eine industrielle Verwertung ist dagegen nicht bekannt.

Radieschen

Bei Radieschen handelt es sich um einjährige Pflanzen. Zunächst wird eine Knolle mit Blattrosette gebildet. Anschließend erfolgt das Schossen, wobei zunehmende Tageslänge und hohe Temperaturen diese Entwicklung fördern.

Porree (Winterlauch)

Allium porrum L. (*Állium* = röm. Name für Knoblauch; *pórrum* = Lauch); engl. *leek*, franz. *poireau*, span. *porro*. Mehrjährige Pflanzen; Familie Liliaceae (Liliengewächse); polyploide Genomstruktur (2n = 4x = 32; x = 8). Ernteteil: gestauchter Sproß mit zwiebelähnlichen Verdickungen der Blattscheiden („Schaft"). Inhaltsstoffe: Kohlenhydrate ca. 3%, Eiweiß ca. 2,5%, Fett ca. 0,3% (Wasser ca. 89%); Geschmacksstoffe Alliine (schwefelhaltige Verbindungen).

Wildformen sind für Porree nicht bekannt. Wahrscheinlich ist diese Art aus dem Sommerlauch entstanden und wurde im mediterranen Gebiet domestiziert. Es handelt sich um eine alte Kulturpflanze, die bereits vor über 2000 Jahren angebaut wurde. Heute wird Porree weltweit angebaut und als Gemüse genutzt.

Das Ernteprodukt sind die unteren Teile der Stengel, die fleischig verdickt einen Schaft bilden, der als Gemüse genutzt wird. Die charakteristischen Aromastoffe sind Alliine.

Durch enzymatische Einwirkung (Alliinase) werden die Alliine der Lauchgewächse bei Gewebezerstörung aufgespalten, wobei unter anderen Verbindungen das Allizin, ein schwefelhaltiges, unbeständiges Öl entsteht. Hieraus resultiert der Knoblauchgeruch. Allizin ist bakteriostatisch wirksam. Allium-Präparate haben in der Pharmazie Bedeutung.

Porreebestand

Porree wird als Kochgemüse oder Salat genutzt und kann auch als Gewürz verwendet werden. Die Pflanzen lassen sich über Trocknung konservieren. Aus Porree werden auch Naßkonserven und tiefgefrorene Produkte hergestellt.

Aus den Samen werden zunächst Jungpflanzen angezogen. Diese können nach etwa zwei bis vier Monaten ausgepflanzt werden.

Die Jungpflanzen werden meist recht tief gesetzt, um einen langen und ausgebleichten Schaft zu erhalten. Dieser Schaft wird aus fleischigen Verdickungen der Unterblätter gebildet. Er kann eine Dicke von 6 bis 8 cm erreichen und 40 bis 50 cm lang werden.

An der Basis des Schaftes entsteht auch das Wurzelsystem. Vielfach schossen die Pflanzen bereits im ersten Jahr; dann werden auch Blüten angelegt. Bei den meisten

Porreepflanzen

Sorten, die unter unseren Klimabedingungen angebaut werden, entwickeln sich die Blütenstände aber erst nach dem Überwintern der Pflanzen.

Zwiebel

Allium cepa L. var. **cepa** (*Állium* = röm. Name für Knoblauch; *cépa* = röm. Name für Zwiebel); engl. *onion*, franz. *oignon*, span. *cebolla*. Mehrjährige Pflanzen; Familie Liliaceae (Liliengewächse); diploide Genomstruktur ($2n = 2x = 16$; $x = 8$; $2n = 4x$ bekannt). Ernteteil: Zwiebel (scheibenförmig gestauchte und verbreiterte Sproßachse mit daran aufsitzenden Blättern, Speichergewebe im Unterblatt). Inhaltsstoffe: Kohlenhydrate (Zucker) ca. 6%, Eiweiß ca. 1,3%, Fett ca. 0,2% (Wasser ca. 88%); geschmacksbestimmende Verbindungen sind Alliine.

Das Herkunftsgebiet der Zwiebel dürfte Mittelasien sein. Es handelt sich um eine Kulturpflanze, die bereits im Altertum in Vorderasien, Nordafrika und den Mittelmeergebieten angebaut und genutzt wurde. Im Mittelalter war sie bereits in ganz Europa verbreitet.

Heute werden Zwiebeln auf der ganzen Welt angebaut. Zwiebeln werden als Gemüse roh oder gekocht gegessen. Sie dienen auch als Gewürz.

Die Zwiebel ist eine ausdauernde Pflanze; in der Nutzung ist die Vegetationsdauer allerdings begrenzt. Nach der Aussaat bildet sich zunächst eine Jungpflanze mit kleiner Zwiebel. Die Sproßachse ist stark gestaucht und bildet eine Scheibe (Zwiebelteller), auf der die Blätter angeordnet sind.

Zwiebelbestand; Bestand aus Steckzwiebeln, im Aufwuchs.

Die unteren Teile der Blätter verdicken sich fleischig und bilden Vorratsgewebe. Da ständig Blätter neu gebildet werden, bauen sich im Bereich der Unterblätter an der scheibenartigen Sproßachse Zwiebeln auf, die aus übereinanderliegenden „Schalen" gebildet sind.

Zum Anbau werden im ersten Jahr meist Steckzwiebeln erzeugt, diese werden im zweiten Jahr gepflanzt und entwickeln dann große Zwiebelkörper. Im weiteren Vegetationsablauf wird ein hohler Stengel gebildet, an dessen oberem Ende die Blüten (als kopfartiger Blütenstand) sitzen. Da diese Wachstumsphase zu einem erheblichen Teil aus den Assimilaten des Zwiebelkörpers versorgt wird, knickt man im Anbau die Blütenköpfe ab und unterbindet so die Ableitung der Assimilate. Die spezifischen Geschmackseigenschaften der Zwiebeln ergeben sich aus den Alliinen, die unter der

Zwiebel, Ernte

geerntete Zwiebeln

Einwirkung des Enzyms Alliinase aufgespalten werden und die geschmackswirksamen Substanzen ergeben. Darüber hinaus liegen weitere organische Schwefelverbindungen vor; zu diesen gehört auch die zu Tränen reizende Substanz Propanthial-S-oxid.

Es stehen unterschiedliche Sorten zur Verfügung: Gemüsezwiebeln sind große und im Geschmack milde Zwiebeln, während Gewürzzwiebeln kleine, scharf schmeckende Sorten sind. Ferner sind „Silberzwiebeln“ und „Perlzwiebeln“ bekannt, die nur einen geringen Durchmesser haben und konserviert werden.

Zwiebeln können auch getrocknet werden, dazu werden sie mit schwefliger Säure vorbehandelt. Ferner sind Zwiebelpulver und Zwiebelgrieß bekannt.

Kopfkohl (Kraut)

Brassica oleracea L. convar. **capitata** (L.) Alef. var. **capitata** f. **alba**/f. **rubra** (*Brássica* = röm. Name für Kohl; *oleráceus* = als Gemüse verwendbar; *capitátus* = kopfförmig; *álbus* = weiß; *rúber* = rot); engl. *white/red cabbage*, franz. *chou blanc/rouge*, span. *repollo blanco/rojo.* Zweijährige Pflanzen; Familie Brassicaceae = Cruciferae (Kreuzblütler); diploide Genomstruktur (2n = 2x = 18; x = 9). Ernteteil: gestauchte Sproßachse mit Blättern („Kohlkopf“). Inhaltsstoffe: Kohlenhydrate ca. 4%, Eiweiß ca. 1,5%, Fett ca. 0,2% (Wasser ca. 92%); geschmacksbestimmende Verbindungen sind Glukosinolate.

Kopfkohl wird in den Formen Weiß- und Rotkohl angebaut (systematische Einordnung der Kohlarten siehe Tabelle Seite 61). Die Entwicklung dieser spezifischen Nutzungsformen, die durch eine gestauchte Sproßachse mit dicht sitzenden und fleischig verdickten Blättern gekennzeichnet sind, hat sich im Mittelmeerraum aus dem Wildkohl (B. *oleracea*) entwickelt. Von dort hat sich diese Gemüseart rasch über Europa und heute weltweit verbreitet. Günstige Anbaubedingungen finden sich in maritimen, durch Feuchtigkeit und nicht zu hohe Temperaturen gekennzeichneten Regionen.

Weißkohl (süddt. Weißkraut) ist insgesamt stärker verbreitet, Rotkohl (süddt. Rot- oder Blaukraut) ist regional bevorzugt in den feucht-kühlen Gebieten Mitteleuropas zu finden. Die rote Färbung wird von Anthozyanen hervorgerufen.

Weißkohlbestand, erntereif

Das Ernteprodukt ist die gestauchte Sproßachse mit den dicht aufeinanderliegenden und einen Kopf bildenden Blättern. Die Kohlköpfe werden frisch auf dem Markt verkauft. Sie werden im Haushalt als Gemüse oder Salat verarbeitet. Kohlköpfe können bis zu acht Monaten gelagert werden; Voraussetzung sind gekühlte Räume (0 bis 1 °C) und hohe Luftfeuchte (ca. 95%). Speziallagerungen bei kontrollierter Atmosphäre (3 bis 4% CO_2 und 3% O_2) sind möglich. Ein erheblicher Teil des Kohls wird konserviert und (über eine Milchsäuregärung) zu Sauerkraut verarbeitet; der Zuckergehalt der Kohlmasse sollte (als Grundlage der Milchsäuregärung) ca. 3,5% und mehr betragen. Der Gehalt an Vitamin C ist relativ hoch (ca. 50 mg in 100 g Kohl). Die Geschmackseigenschaften ergeben sich aus den Glukosinolaten. Kohl ist früher immer auch als eine Arzneipflanze betrachtet worden; insbesondere Wirkungen auf Magen und Darm werden angenommen. Sauerkrautsaft gilt als gesundheitsfördernd.

Kohl ist eine zweijährige Pflanze. Im ersten Jahr werden an der gestauchten Sproßachse dicht sitzende und fleischig verdickte Blätter als Kohlkopf ausgebildet. Die Vegetationsdauer der Pflanzen ist lang, es werden erhebliche Biomassen über Kohlanbau erzeugt. Im zweiten Jahr treibt aus den Kohlköpfen ein kräftiges verzweigtes Sproßsystem aus, an dem Blüten angelegt werden. Aus der Samenernte der zweijährigen Pflanzen wird das Saatgut für die Vermehrung des Kohls gewonnen.

Es stehen zahlreiche Sorten für den Anbau von Kohl zur Verfügung. Neben der unterschiedlichen Färbung (weiß oder rot) finden sich auch unterschiedliche Formen wie runde und spitze Kohlköpfe. Von Bedeutung ist ferner das sortenspezifische Kopfgewicht, das in enger Beziehung zur

Weißkohlkopf, rund

Weißkohlkopf, spitz

Rotkohlkopf

Vegetationsdauer und auch zur Verarbeitung des Kohls steht. Frühkohlsorten sind bereits mit 1 bis 1,5 kg Kopfgewicht erntereif; sie werden ausschließlich für den Frischmarkt erzeugt. Handelt es sich um die Sauerkrautherstellung, sind späte Sorten zu verwenden, die Kopfgewichte von bis zu 9 kg erreichen können. Auch Dauerkohlsorten sind im Anbau, die vielfach relativ geringe Kopfgewichte (bis 3 kg) aufweisen und sich insbesondere für die Einlagerung über Winter und bis in das nächste Jahr hinein eignen.

Kohlbestände werden regelmäßig aus Jungpflanzen, die in Frühbeeten angezogen werden, erstellt. Zunächst wird in Frühbeeten das Jungpflanzenmaterial herangezogen, das dann zum gewünschten Termin – nach Beendigung der kalten Jahreszeit im Frühjahr – gepflanzt wird.

Wirsingkohl

Brassica oleracea L. convar. **capitata** (L.) Alef. var. **sabauda** L. (*Bràssica* = röm. Name für Kohl; *oleràceus* = als Gemüse verwendbar; *capitàtus* = kopfförmig; *sabāūdus* = aus Savoyen stammend); engl. *Savoy cabbage*, franz. *chou de Savoy*, span. *rapollo de hoja ricada*. Zweijährige Pflanzen; Familie Brassicaceae = Cruciferae (Kreuzblütler); diploide Genomstruktur (2n = 2x = 18; x = 9). Ernteteil: gestauchte Sproßachse mit Blättern („Kohlkopf"). Inhaltsstoffe: Kohlenhydrate ca. 2,5%, Eiweiß ca. 3%, Fett ca. 0,4% (Wasser ca. 90%); geschmacksbestimmende Verbindungen sind Glukosinolate.

Der Wirsingkohl hat sich im Mittelmeergebiet aus dem Wildkohl *(B. oleracea)* entwickelt; von dort ist diese Gemüseart über Europa und heute nahezu weltweit verbreitet worden. Der Wirsingkohl ist neben dem Kopfkohl eine eigene Varietät. Überwiegend wird er in Westeuropa angebaut, z. T. auch in anderen europäischen Staaten und in Nordamerika. Grundsätzlich unterscheidet sich der Wirsingkohl von den Köpfen des Kopfkohls durch seine lockere Struktur. Die Blätter sind dunkel- bis gelbgrün und haben eine blasenartig gewellte Struktur. Die Köpfe werden frisch vermarktet oder nach Lagerung auf den Markt gebracht. Eine Konservierung kann über Naß- oder Tiefkühlkonserven erfolgen. Ein Teil der Ernte kommt auch in Fertiggerichte.

Mit dem Anbau der zur Verfügung stehenden Sorten des Wirsingkohls kann über

Wirsingkohlbestand

das Jahr weitgehend frische Ware für den Markt erzeugt werden. Eine besonders frühzeitige Produktion frischer Ware ist der Adventswirsing, bei dem im Herbst die Bestände angepflanzt und im Frühjahr geerntet werden können; Voraussetzung sind allerdings milde Witterungsverläufe während der kalten Jahreszeit. Frühe Pflanzungen im Frühjahr können bereits im Juli erntereifen Wirsing erbringen, späte Sorten stehen dann für Ernten im Juli und August zur Verfügung. Dauerwirsing kann bis zum Einsetzen des Frostes auf dem Felde verbleiben. Dauerwirsing eignet sich auch für die Einlagerung.

Wirsingkohl ist eine zweijährige Pflanze. Im ersten Jahr werden die Köpfe ausgebildet, im zweiten Jahr treibt aus den Köpfen ein kräftiges Sproßsystem aus, an dem die typischen, gelb gefärbten Blüten der Kreuzblütler angelegt werden.

Die Samenerzeugung wird an den zweijährigen Pflanzen vorgenommen. Bestände des Wirsingkohls werden regelmäßig über Jungpflanzen erstellt. Diese sind zunächst in Frühbeeten anzuziehen, wobei die Aussaattermine entsprechend den gewünschten Pflanzterminen gewählt werden müssen, wenn mehrere Erntetermine zu berücksichtigen sind.

Wirsingkohlkopf

Blumenkohl (Karfiol)

Brassica oleracea L. convar. **botrytis** (L.) Alef. var. **botrytis** (*Brássica* = röm. Name für Kohl; *oleráceus* = als Gemüse verwendbar; *botrýtis* = traubig); engl. *cauliflower*, franz. *chou-fleur*, span. *coliflor*. Zweijährige Pflanzen; Familie Brassicaceae = Cruciferae (Kreuzblütler); diploide Genomstruktur (2n = 2x = 18; x = 9). Ernteteil: gestauchte und kugelig hypertrophierte fleischige Blütenstandsanlage. Inhaltsstoffe: Kohlenhydrate ca. 2,7%, Eiweiß ca. 2,5%, Fett ca. 0,3% (Wasser ca. 92%); geschmacksbestimmende Verbindungen sind Glukosinolate.

Blumenkohl hat wie die anderen Kohlarten zunächst im Mittelmeerraum die spezifische Entwicklung aus dem Wildkohl *(B. oleracea)* zur Gemüsepflanze erfahren. Heute ist Blumenkohl weltweit im Anbau. Auch in tropischen Gebieten wird diese Gemüseart angebaut und genutzt. Charakteristisch ist die Kopfbildung aus einer gestauchten Hauptsproßachse, wobei neben wenigen fleischigen Blättern im unteren

Blumenkohlkopf

Teil der Sproßachse der Blütenstand gestaucht und fleischig hypertrophiert angelegt wird. Aus diesen Umformungen der generativen Organe ergibt sich das Gemüse Blumenkohl.

Die Ernte der Blumenkohlköpfe muß rechtzeitig erfolgen, um das Lockerwerden der fleischig veränderten Blütenstände zu vermeiden. Die Köpfe werden überwiegend auf dem Markt als Frischware angeboten, für begrenzte Zeiträume (etwa einen Monat lang) kann die Ernte auch in Kühlräumen gelagert werden. Der Vitamin-C-Gehalt ist relativ hoch. Ein Teil der Ernte wird als Tiefkühlgemüse verarbeitet. Es werden für den Markt auch Mischungen mit anderen Gemüsearten vorgenommen (insbesondere in Sauerkonserven).

Blumenkohl ist eine zweijährige Pflanze. Die fleischig verdickte und gestauchte Anlage der Blüten an der Hauptsproßachse sowie den Verzweigungen kann allerdings im Laufe der Entwicklung locker werden und bereits im ersten Jahr Blüten bilden. Grundsätzlich handelt es sich aber um einen Entwicklungsablauf, bei dem erst über die Phase der Winterruhe mit Einwirken der Vernalisation die Entwicklung der Pflanze bis zur Anlage befruchtungsfähiger Blüten geführt wird. Beim Blumenkohl stehen Sorten mit unterschiedlichen Vernalisationsbedürfnissen zur Verfügung; dies erklärt u.a. auch die weltweite Verbreitung dieser Gemüseart.

Wie bei allen Kohlarten werden die Bestände über Jungpflanzen erstellt, die Jungpflanzen werden in Anzuchtbeeten herangezogen. Vor der Ernte werden die Köpfe abgedeckt. Hierzu knickt man die Laubblätter um, so daß die sich entwickelnden Blumenkohlköpfe gegen Sonnenlicht – und damit ein unschönes Verfärben – geschützt werden. Die Bestände müssen in kurzen zeitlichen Abständen mit den jeweils herangereiften Blumenkohlköpfen beerntet werden; die Ernte eines Bestandes kann daher einen Zeitraum von drei bis acht Wochen einnehmen.

Brokkoli (Spargelkohl)

Brassica oleracea L. convar. **botrytis** (L.) Alef. var. **italica** Plenck (*Brássica* = röm. Name für Kohl; *oleráceus* = als Gemüse verwendbar; *botrýtis* = traubig; *itálicus* = aus Italien stammend); engl. *sprouting broccoli*, franz. *brocoli branchu*, span. *bróculi*. Ein- und zweijährige Pflanzen; Familie Brassicaceae = Cruciferae (Kreuzblütler); diploide Genomstruktur ($2n = 2x = 18$; $x = 9$). Ernteteil: gestauchte und fleischig verdickte Sproßachse mit Blütenknospen. Inhaltsstoffe: Kohlenhydrate ca. 3%, Eiweiß ca. 3,3%, Fett ca. 0,2% (Wasser ca. 90%); geschmacksbestimmende Verbindungen sind Glukosinolate.

Brokkoli stammt vom Wildkohl *(B. oleracea)* ab und zeigt in seiner Form Übergänge zum Blumenkohl. Brokkoli hat sich im europäischen Teil des Mittelmeergebietes entwickelt. Er weist im Vergleich zum Blumenkohl einen weiter entwickelten Blütenstand auf. Es liegt eine Stauchung der Hauptsproßachse vor, in kurzen Abständen werden nacheinander einige dicke, fleischige Blätter angelegt. Die Sproßachse entwickelt sich in verdickter Form weiter und bleibt verhältnismäßig kurz. Verzweigungen werden erkennbar. Auch die Verzweigungen sind stark verdickt. Schließlich werden Knospen an den Enden der Sproßachsen angelegt, die sich zunächst nicht weiter entwickeln. Die verdickten Sproßachsen mit den nicht entwickelten Blüten sind das Ernteprodukt.

Geerntet werden beim Brokkoli die Hauptsproßachsen mit den grünen, verdickten Knospenanlagen. Auch die an den Blattachseln entspringenden Seitenachsen mit den endständigen Knospenanlagen werden geerntet.

Brokkoli, erntereife Pflanze

Brokkoli, Blütenstand

Zur Ernte werden die Blütenstände aus den Pflanzen geschnitten. Ihre Länge beträgt dann ca. 20 cm. Die Pflanzen entwickeln aus den Seitensproßachsen eine zweite Ernte, die etwa drei Wochen später zur Verfügung steht. Die kopfartig zusammengefaßten Blütenstände werden einzeln oder bei kleineren Durchmessern auch gebündelt als Gemüse verkauft. Das Angebot erfolgt als Frischware oder - im Hinblick auf die Transportbedingungen der empfindlichen Brokkolisprosse - auch als Tiefkühlgemüse.

Die Brokkolibestände werden regelmäßig über Jungpflanzen aufgebaut, die in Frühbeeten herangezogen werden. Es kann aber auch eine Einzelkornsaat im Feld vorgenommen werden.

Die Ernte ist insofern aufwendig, als das Erntegut schnell welkt. Es muß also jeweils rasch in den frühen Morgenstunden geerntet werden.

Grünkohl (Braunkohl, Krauskohl)

Brassica oleracea L. convar. **acephala** (DC.) Alef. var. **sabellica** L. (*Brássica* = röm. Name für Kohl; *oleráceus* = als Gemüse verwendbar; *acéphalus* = griech. *aképhalos* (*ἀκέφαλος*) *sabéllicus* = Sabeller, ital. Volksstamm); engl. *green cabbage*, franz. *chou vert*, span. *col verde*. Zweijährige Pflanzen; Familie Brassicaceae = Cruciferae (Kreuzblütler); diploide Genomstruktur ($2n = 2x = 18$; $x = 9$). Ernteteil: Blätter. Inhaltsstoffe: Kohlenhydrate ca. 3%, Eiweiß ca. 4,5%, Fett ca. 0,9% (Wasser ca. 86%); geschmacksbestimmende Verbindungen sind Glukosinolate.

Grünkohl entwickelt einen Hauptsproß, der regelmäßig über 50 cm lang wird. An der unverzweigten Sproßachse befinden sich die stark gekrausten, meist dunkelgrün gefärbten Blätter. Geerntet werden die Blätter. Sie werden als Kochgemüse genutzt.

Der Gehalt an Vitamin C und Provitamin A ist relativ hoch. Die Geschmackseigenschaften werden durch die für Kreuzblütler typischen Glukosinolate hervorgerufen. Der Anbau erfolgt im wesentlichen in den kühl-gemäßigten Gebieten Europas, Anbauflächen sind auch in Nordamerika zu finden. Grünkohl stammt vom Wildkohl *(B. oleracea)* ab; die Inkulturnahme ist wahrscheinlich im Mittelmeergebiet (Griechenland, Italien) bereits im Altertum er-

Grünkohlpflanzen

folgt. In Kräuterbüchern des 16. Jahrhunderts finden sich regelmäßig auch Darstellungen des Grünkohls.

Die Blätter enthalten bei niedrigen Temperaturen Zucker, der für den Geschmack von Bedeutung ist. Grundsätzlich wird Grünkohl als Kochgemüse verwendet. Tiefkühlkost und die Konservierung in Naßkonserven ist allerdings ebenfalls üblich.

Es handelt sich um eine zweijährige Pflanze. Im ersten Jahr wird die vegetative Entwicklung mit der Sproßachse und der zu erntenden Blattmasse gebildet. Die Pflanzen sind relativ frosthart und können Temperaturen bis -10 °C ohne Schädigungen überstehen. Im zweiten Jahr werden Blüten angelegt, aus denen das Saatgut zu gewinnen ist.

Es können Jungpflanzen angezogen und hieraus die Grünkohlbestände erstellt werden. Die Bestände sind dann relativ locker. In diesen Beständen kann mit der Hand geerntet werden, wobei bis zu zwei Ernten anfallen.

Vielfach wird allerdings direkt gesät, es entstehen dann relativ dichte Bestände. Diese können maschinell abgeerntet werden, wobei man Rupfmaschinen verwendet oder ganze Pflanzen abmäht. Bei der weiteren Bearbeitung des Erntegutes müssen noch die Blattspreiten von den Mittelrippen und Strünken getrennt werden.

Rosenkohl (Sprossenkohl, Brüsseler Kohl)

Brassica oleracea L. convar. **oleracea** var. **gemmifera** DC. (*Brássica* = röm. Name für Kohl; *oleráceus* = als Gemüse verwendbar; *gémmifer* = knospentragend); engl. *brussels sprout*, franz. *chou de Bruxelles*, span. *repollo de Bruselas*. Zweijährige Pflanzen; Familie Brassicaceae = Cruciferae (Kreuzblütler); diploide Genomstruktur (2n = 2x = 18; x = 9). Ernteteil: gestauchte Seitensproßachsen („Rosen"). Inhaltsstoffe: Kohlenhydrate ca. 4%, Eiweiß ca. 4,5%, Fett ca. 3% (Wasser ca. 85%); geschmacksbestimmende Stoffe sind Glukosinolate.

Rosenkohl ist ein weltweit verbreitetes Gemüse. Große Anbauflächen sind in Europa (z. B. Niederlande, Frankreich, Großbritannien) und Nordamerika sowie in Australien. Der Rosenkohl stammt, wie alle Kohltypen, vom Wildkohl *(B. oleracea)* ab. Er ist eine junge Kulturpflanze. Zuerst wird über ihn in Belgien (vgl. französische und spanische Bezeichnung) aus dem 18. Jahrhundert berichtet.

Bei dem Ernteprodukt handelt es sich um gestauchte Seitensproßachsen, die in den Achseln der locker an der Hauptsproßachse verteilten Blätter angelegt werden. Hieraus werden die walnußgroßen, aus mehreren Blättern zusammengesetzten „Rosen" gebildet. Die Pflanze entwickelt nur eine Hauptsproßachse und kann 80 bis 100 cm hoch werden. Das Erntegut wird frisch auf den Markt gebracht. Es handelt sich um Kochgemüse. Ein Teil der Ernte wird zu Naßkonserven und Tiefkühlgemüse weiterverarbeitet; hierbei werden auch Mischungen mit anderen Gemüsearten vorgenommen. Die Pflanzen können im Herbst lange bis in den Winter hinein auf dem Acker verbleiben und dann (mit Hand) geerntet werden. Rosenkohl kann eingelagert werden. Hierzu werden die ganzen

Rosenkohlpflanzenbestand

Rosenkohlpflanze mit „Rosen“
in beginnender Entwicklung

Rosenkohlpflanze, hier mit voll
entwickelten „Rosen“

Pflanzen (Strünke) mit den Rosen in Kühlräumen gelagert.

Rosenkohl ist zweijährig, erst im zweiten Jahr bilden sich Blüten. Die Bestände werden regelmäßig über Jungpflanzen erstellt. Gelegentlich wird auch unmittelbar ins Feld gesät. Die Erntetermine ergeben sich aus den Pflanz- bzw. Saatterminen. Da auch die Sorten unterschiedliche Vegetationsdauer aufweisen, steht für die Ernte eine große Zeitspanne zur Verfügung. Man kann mit Hand pflücken; dann werden die Bestände mehrfach abgeerntet. Allerdings werden vielfach die Pflanzen insgesamt abgeschlagen und anschließend (unter Dach) die Röschen von den Strünken mit der Hand oder auch mit Pflückmaschinen vom Strunk geerntet. Die Röschen müssen eine Mindestgröße von 1 cm aufweisen, für den Markt erfolgt eine Sortierung nach Größen.

Gurke

Cucumis sativus L. (*Cúcumis* = röm. Name für Gurke; *satívus* = angebaut/angepflanzt); engl. *cucumber*, franz. *concombre*, span. *pepino*. Einjährige (rankende) Pflanzen; Familie Cucurbitaceae (Kürbisgewächse); diploide Genomstruktur (2n = 2x = 14; x = 7). Ernteteil: Beerenfrucht („Gurke“). Inhaltsstoffe: Kohlenhydrate ca. 2%, Eiweiß ca. 0,6%, Fett ca. 0,2% (Wasser ca. 97%).

Zu dem engeren Kreis der Verwandten der Gurke gehören auch die zahlreichen kultivierten Arten in der Gattung *Cucurbita* (Kürbis). Die Herkunft der Gurke ist nicht eindeutig geklärt. Gurkenanbau ist für das nordindische Gebiet (bis in die niederen Hanglagen des Himalajas) bereits für 3000 v. Chr. belegt. Auch im Altertum (Griechenland, Rom) war die Gurke als Kulturpflanze bekannt.

Gurkenpflanze, Gurkenfrüchte erntereif

Heute ist der Anbau von Gurken weltweit verbreitet, wobei die Ansprüche dieser Pflanze an relativ hohe Temperaturen zu berücksichtigen sind. Unter ungünstigen klimatischen Bedingungen werden Gurken vielfach in Gewächshauskulturen angezogen. Das Ernteprodukt ist eine Beerenfrucht, die in unterschiedlicher Ausgestaltung an den einjährigen Pflanzen angelegt wird.

Die Früchte sind sehr kalorienarm und weisen eine gute Verdaulichkeit auf. Ein Teil der Gurkenernte wird roh als Salat

Gurkenpflanzenbestand

verzehrt. Kleine Früchte, die kurz nach der Blüte geerntet werden, dienen der Herstellung von Gewürzgurken (Cornichons). Ferner können Essig- und Gewürzgurken als Konserven hergestellt werden. Eine Spezialität sind Salz-Dill-Gurken, die aufgrund einer Milchsäuregärung konserviert werden. Auch geschälte Gurken werden in der Konservenindustrie verwendet, wobei geschnittene Früchte als Senfgurken oder in süßsaurer Flüssigkeit eingelegt werden. Die Haltbarkeit frischer Ware ist begrenzt (bis ca. ein Monat).

Bei der Gurke handelt es sich um eine einjährige, rankende Pflanze. Die Sproßachse verzweigt sich, sie kann eine erhebliche Länge erreichen (mehr als 10 m). Unter den üblichen Anbaubedingungen sind allerdings die Sproßachsen in ihrer Länge meist auf einige Meter begrenzt. Unter natürlichen Bedingungen würde die Pflanze an Stützen hochranken. In der Gewächshauskultur sind daher Gerüste oder Haltedrähte vorgesehen. Die Gurkenpflanzen sind monözisch, männliche und weibliche Blüten werden aber getrennt an der Pflanze angelegt. Es gibt Sorten, die zwittrige Blüten bilden. Schließlich stehen Sorten zur Verfügung, bei denen die Gurke ohne Befruchtung (apomiktisch) entwickelt wird. Die Pflanzen haben meist vier bis sechs Früchte. Form und Farbe sowie Gewicht der Früchte sind stark variabel. Dies ist sowohl auf Sorteneigenschaften als auch auf Umweltbedingungen sowie Erntetermine zurückzuführen.

Puffbohne (Ackerbohne, Dicke Bohne)

Vicia faba L. (*Vícia* = röm. Name für Wikke; *fába* = etruskischer Pflanzenname für „Bohne"); engl. *broad bean*, franz. *grosse fève*, span. *haba mayor*. Einjährige Pflanzen; Familie Leguminosae = Fabaceae (Hülsenfrüchtler); diploide Genomstruktur (2n = 2x = 12; x = 6). Ernteteil: Samen („Körner"; Samenmasse überwiegend zwei Keimblätter). Inhaltsstoffe (Samen in der Milchreife): Kohlenhydrate ca. 3%, Eiweiß ca. 4%, Fett ca. 0,5% (Wasser ca. 90%).

Die Puffbohne unterscheidet sich von der Ackerbohne durch deutlich höhere Einzelsamengewichte, die zwischen 1 und 2 g liegen. Sie wird angebaut, um unreife Samen als Gemüse zu erzeugen. Es handelt sich um eine alte Kulturpflanze, die bereits im Altertum als Nahrungsgrundlage bekannt war (Ägypten, Griechenland, Rom). Die Herkunft dieser Pflanzenart ist auf den

Puffbohne, Hülsenpflanzen erntereif

Puffbohnen, reife Hülsen (Dicke Bohnen, links Ackerbohne zum Vergleich)

Mittelmeerraum zurückzuführen, wobei nordafrikanische Gebiete und auch das südwestliche Asien (Iran und an das Mittelmeer grenzende Regionen) zu berücksichtigen sind. Zahlreiche Funde im mittleren und nördlichen Europa belegen, daß von der Bronzezeit an die Ackerbohne erhebliche Bedeutung als Nahrungsmittel für die Bevölkerung dieser Gebiete hatte. Ihr besonderer Wert liegt in dem hohen Eiweißgehalt der Samen. Die großsamigen Formen, die als Gemüse genutzt werden, sind wahrscheinlich in der Entwicklung dieser Pflanze erst spät entstanden.

Bei der Puffbohne als Gemüsepflanze werden die voll entwickelten, aber noch in der Grün-/Milchreife befindlichen Samen geerntet. Der Eiweißgehalt beträgt etwa 4 bis 5%. Die Samen können gekocht oder frisch verzehrt werden.

Ein erheblicher Teil der Ernte geht in die Konservenindustrie, es werden Naß- und Tiefkühlkonserven hergestellt. In Italien, Spanien, Frankreich und Großbritannien handelt es sich um ein beliebtes Gemüse. Entwicklungs- und Wachstumsvorgänge sind im Kapitel Ackerbohnen zusammengestellt (siehe Seite 87).

Die Vegetationsdauer unterscheidet sich von denen der Ackerbohnen, da die grünen Hülsen mit den noch unreifen Samen geerntet werden.

Erbse

Pisum sativum L. ssp. **sativum** (*Písum* = röm. Name für Erbse; *satívus* = angepflanzt/angebaut); engl. *pea*, franz. *pois*, span. *guisantes*. Einjährige (rankende) Pflanzen; Familie Leguminosae = Fabaceae (Hülsenfrüchtler); diploide Genomstruktur ($2n = 2x = 14$; $x = 7$). Ernteteil: Frucht (Hülse mit Samen) und Samen („Körner"). Inhaltsstoffe: (trockene Samen) Kohlenhydrate ca. 57%, Eiweiß ca. 23%, Fett ca. 1,5% (Wasser ca. 11%); (grüne Hülsen und Samen) Kohlenhydrate ca. 13%, Eiweiß ca. 7%, Fett ca. 0,5% (Wasser ca. 77%).

Die Erbse umfaßt mehrere Subspezies, von denen einige regional genutzt werden. Die größte Bedeutung hat die Unterart *sativum*, von der die Konvarietäten Zuckererbse (*axiphium* Alef. emend. C.O. Lehm.), die Markerbse (*medullare* Alef. emend. C.O. Lehm.) und die Schalerbse *(sativum)* als Gemüsehülsenfrüchte von Bedeutung sind. Herkunft, Entwicklung und Vegetationsablauf sind im Kapitel Erbse beschrieben (siehe Seite 89).

Bei den Erbsen als Gemüsehülsenfrüchte werden mit der Schalerbse Samen in der Grünreife erzeugt und geerntet. Die Samen sind grün oder gelblich gefärbt und voll ausgebildet.

Schalerbsen (Palerbsen) lassen sich hervorragend kochen. Sie entsprechen grundsätzlich den Trockenspeiseerbsen, enthalten aber etwa 75% Wasser und können als frische Ware in Naßkonserven bzw. tiefgefrorenem Zustand konserviert werden. Die Trockenspeiseerbsen dieser Konvarietät werden entweder als Trockenerbsen oder verarbeitet in Form von Mehl bzw. Püree verwendet.

Bei der Markerbse handelt es sich ebenfalls um ein Ernteprodukt, bei dem die

Samen in der Grünreife gewonnen werden. Es liegt insgesamt aber ein geringerer Trockensubstanzgehalt vor. Die Trockenmasse weist mehr Zucker (6 bis 9%) und Eiweiß als die der Schalerbse auf, der Gehalt an Stärke ist dagegen geringer. Der Anteil an Amylose liegt deutlich über dem der Schalerbsen. Die Samen haben eine runzlige Schale. Die Geschmackseigenschaften werden durch den höheren Zuckergehalt günstig beeinflußt. Die Hülse ist wegen der pergamentartigen Innenhaut nicht genießbar.

Bei der Zuckererbse ist in der Hülse keine zäh ausgebildete Innenhaut vorhanden (Endokarp), so daß die Hülsen zusammen mit den noch nicht voll entwickelten Samen das Ernteprodukt sind. In der Erbsenproduktion spielt diese Konvarietät nur eine geringe Rolle.

Es stehen zahlreiche Sorten für den Erbsenanbau zur Verfügung. Die Sorten unterscheiden sich in der Vegetationsdauer und zahlreichen charakteristischen, für die Verarbeitung wichtigen Eigenschaften; hierzu gehören z. B. Kornfärbungen (gelb, grün, dunkelgrün etc.). Die Erbsenbestände werden angesät. Geerntet wird nach Festigkeit (Konsistenz) der Erbsenkörner. Es muß eine bestimmte Mindestfestigkeit erreicht sein, die Samen dürfen aber auch nicht zu fest sein. Die Festigkeit wird mit einem Tenderometer bestimmt, einem Gerät, mit dem die Kräfte gemessen werden, die zum Durchpressen einer Kornprobe benötigt werden. Zur Ernte kann in mehreren Arbeitsgängen gepflückt werden, dies ist aber nur noch ausnahmsweise üblich. Regelmäßig wird in einem Arbeitsgang der gesamte Bestand geerntet.

Erbsenpflanzenbestand

Erbse, Ertragsstruktur (links Markerbse, rechts Schalerbse)

Gartenbohne (Fisole, Busch-, Stangenbohne)

Phaseolus vulgaris L. ssp. **vulgaris** (*Phaséolus* = griech. *pháselos* (*φάσηλος*), Bezeichnung für Bohne; *vulgáris* = gewöhnlich); engl. *common bean*, franz. *haricot*, span. *fríjol*. Einjährige Pflanze; Familie Leguminosae = Fabaceae (Hülsenfrüchtler); diploide Genomstruktur (2n = 2x = 22; x = 11). Ernteteil: Hülsen mit Samen (grün) und Samen. Inhaltsstoffe: (trockene Samen) Kohlenhydrate ca. 48%, Eiweiß ca. 21%, Fett ca. 1,5% (Wasser ca. 12%); grüne Hülsen mit Samen: Kohlenhydrate ca. 5%, Eiweiß ca. 2,5%, Fett ca. 0,2% (Wasser ca. 90%).

Buschbohne

Die *Phaseolus*-Bohne wird als Gemüsehülsenfrucht in der Varietät Buschbohne (*nanus* (L.) Aschers.) genutzt. Weitere Angaben dazu siehe Kapitel Gartenbohne ab Seite 94.

Bei Bohnen als Gemüsehülsenfrüchten ist das Ernteprodukt die noch grüne und nicht voll ausgereifte Hülse mit den Samen. Der Trockensubstanzgehalt erreicht etwa 7 bis 14%. Der Anbau von Stangenbohnen spielt nur eine geringe Rolle, da die Erstellung der Gerüste die Produktion zusätzlich belastet und die Ernteverfahren aufwendig sind. Die Erzeugung der Gemüsebohnen ist weltweit verbreitet. Gelegentlich werden Bohnen auch unter Glas kultiviert.

Produkte sind die noch unreifen, grünen Hülsen mit den Samen. Es gibt eine große Anzahl verschiedener Typen, wobei gelbe Hülsen als „Wachsbohnen“ meist in Salaten verwendet werden. Bevorzugt sind „fadenlose“ Hülsen. Charakteristische Sortenunterschiede sind auch die Länge, die Biegung und der Querschnitt der Hülsen. Flageolett-Bohnen sind im Querschnitt flachoval, Schwertbohnen dagegen platt. Ferner gibt es rund-ovale bis runde Formen (Brechbohnen). Kleine und dann sehr jung geerntete Hülsen werden als „Prinzeßbohnen“ bezeichnet. Die Gemüsebohnen kommen als Frischware auf den Markt. Die Weiterverarbeitung in der Konservierung ergibt Sauer-, Naß- und Salzkonserven. Tiefkühlgemüse wird aus Bohnen ebenfalls hergestellt.

Kopfsalat

Lactuca sativa L. var. **capitata** L. (*Lactúca* = röm. Name für Lattich, Kopfsalat - abgeleitet von *lac*, Milch - milchiger Saft der Pflanze; *satívus* = angebaut/angepflanzt); engl. *head lattuce*, franz. *laitue pommée*, span. *lechuga acogollada*. Einjährige Pflanzen; Familie Compositae = Asteraceae (Korbblütler); diploide Genomstruktur (2n = 2x = 18; x = 9). Ernteteil: gestauchte Sproßachse mit Blättern. Inhaltsstoffe: Kohlenhydrate ca. 1%, Fett ca. 0,2%, Protein ca. 1,3% (Wasser ca. 95%).

Der Kopfsalat gehört zu der arten- und varietätenreichen Gattung *Lactuca*. Zahlreiche Angehörige dieser Gattung werden kultiviert und (als Salat) genutzt. Die Herkunft des Kopfsalates ist unsicher. Hinweise für erste Nutzungen dieses Salatgemüses sind aus dem alten Ägypten bekannt. Kopfsalat ist seit dieser Zeit bis zum heutigen Tag als Kulturpflanze ein regelmäßiger Bestandteil der menschlichen Nahrung geblieben. Heute ist Salat weltweit verbreitet. Die Schwerpunkte der Produktion liegen in den gemäßigten Klimagebieten, da hier (nach der Ernte) Frischware für einen längeren Zeitraum als in warmen Klimaten zum Verkauf angeboten werden kann.

Beim Kopfsalat werden die im Rosettenstadium zu einem lockeren Kopf zusammengeschlossenen Blätter als Ernteprodukt verwertet. Es gibt nach Form, Farbe und Dichte der Köpfe unterschiedliche Sorten. Leichte Rotfärbungen finden sich vielfach an den Blattflächen, die dem Licht ausgesetzt sind - es hat sich Anthozyan gebildet. Die Blätter und Stengel enthalten einen leicht bitteren, milchigen Saft. Der Wassergehalt der Ware liegt mit ca. 95% sehr hoch.

Beim Kopfsalat handelt es sich um einjährige Pflanzen, bei denen zunächst die als Ernteprodukt genutzte Rosette mit den stark entwickelten Blättern entsteht. Nach

Kopfsalatbestand

Kopfsalatpflanze

einer gewissen Zeit streckt sich die Sproßachse, und es kommt zum „Durchwachsen" des Sproßsystems und zur Bildung von Blüten. Die blühenden Pflanzen können bis zu 1 m hoch werden. Selbstbefruchtung der Blüten überwiegt. Beim Kopfsalat handelt es sich um eine photoperiodisch empfindliche Pflanze; mit zunehmender Tageslänge wird das „Schossen", mit dem die Anlage der Blüten verbunden ist, gefördert. Die Bestände werden vielfach mit Jungpflanzen angepflanzt, man sät aber auch direkt in das Feld. Die Pflanztermine werden gestaffelt, so daß die Frischernte zeitlich verteilt zur Verfügung steht. Nach Möglichkeit sollte in einem Arbeitsgang geerntet werden. Die Köpfe werden zur Ernte geschnitten.

Spinat

Spinacia oleracea L. (*Spinácia* = latinisierter Name, Herkunft nicht sicher; *oleráceus* = als Gemüse verwendbar); engl. *spinach*, franz. *épinard*, span. *espinaca*. Einjährige Pflanzen; Familie Chenopodiaceae (Gänsefußgewächse); diploide Genomstruktur ($2n = 2x = 12$; $x = 6$; auch $2n = 4x$ bekannt). Ernteteil: Blätter. Inhaltsstoffe: Kohlenhydrate ca. 0,6%, Eiweiß ca. 2,5%, Fett ca. 0,3% (Wasser ca. 92%).

Eine Wildform ist für Spinat nicht bekannt. Die Domestikation und Entwicklung zur Gemüsepflanze könnte im Gebiet des Irans bereits im Altertum erfolgt sein. Von dort läßt sich eine Ausbreitung in asiatische Gebiete, insbesondere Indien, nachweisen. Nach Europa gelangte diese Pflanze erst durch die Araber mit ihrem Vordringen nach Spanien. Spinat ist heute als Kochgemüse weltweit verbreitet. Anbauflächen finden sich in nahezu allen Gebieten mit landwirtschaftlicher oder gartenbaulicher Produktion.

Im Spinatanbau werden die Blätter genutzt. Die raschwüchsigen Pflanzen geben vielfach bereits sieben bis acht Wochen nach der Aussaat eine Ernte. Der Gehalt an Mineralstoffen ist im Vergleich zu anderen Blattgemüsen hoch, insbesondere der Eisen-, Kalzium- und Kalium-Gehalt. Auch sekundäre Pflanzenstoffe wie die Vitamine C und B sowie Riboflavin und Karotin sind mit vergleichsweise hohen Konzentrationen vertreten. Das Eiweiß im Spinatgemüse ist hochwertig. Die in den Blättern vorhandene Oxalsäure verursacht einen etwas kratzenden Geschmack. In der Ernährung dürfte die Oxalsäure kaum eine negative Wirkung haben. Allerdings ist auf die hohen Nitratgehalte hinzuweisen. Aus Nitrat entsteht durch Reduktion Nitrit. Nitrit hat toxische Wirkungen, die auf einer Veränderung des Oxyhämoglobins in Methämoglobin (im Blut des Menschen) beruhen. Spinat sollte daher nach dem Kochen nicht lange aufbewahrt werden. Neben der Verwendung für den Frischmarkt wird Spinat (der größere Anteil der Ernte) in Naßkonserven oder auch als Tiefkühlware konserviert. Besondere Bedeutung hat Spinat in der Babykost. Die Konservierung wird z. T. auch über Volltrocknung vorgenommen, Spinatpulver und Spinatgrieß können hergestellt werden.

Beim Spinat handelt es sich um eine einjährige Pflanze. Die Keimung setzt be-

Spinatpflanze

reits bei Temperaturen knapp über 0 °C ein. Die Pflanze bildet zunächst eine Rosette. Es können einzelne Blätter der Rosette oder in der mechanisierten Ernte der Pflanzen auch die ganzen Pflanzenrosetten geschnitten werden.

Die Entwicklung der Pflanzen zur generativen Phase wird durch photoperiodische Sensibilität (Langtagpflanze) gesteuert. Hohe Temperaturen beschleunigen ebenfalls die Entwicklung zur Blüte. Aus den Rosetten wächst die Sproßachse mit den Blüten hervor. Bei den heutigen Sorten finden sich sehr unterschiedliche Verhältnisse in der sexuellen Ausprägung der Blüten. Es treten sowohl männliche als auch weiblich ausgebildete Blüten auf, daneben werden auch zwittrige Blüten entwickelt. Grundsätzlich sind die Pflanzen diözisch, d. h., es handelt sich um Pflanzen mit nur männlichen bzw. nur weiblichen Blüten. Es gibt aber auch monözische Pflanzen, auf denen männliche und weibliche Blüten (getrennt) ausgebildet werden.

Spargel

Asparagus officinalis L. var. **officinalis** (*Aspáragus* = griech. *ἀσπαράγος*, Name für Spargel; *officinális* = als Arznei gebräuchlich); engl. *garden asparagus*, franz. *asperge*, span. *esparago*. Mehrjährige Pflanze; Familie Liliaceae (Liliengewächse); diploide Genomstruktur (2n = 2x = 20; x = 10). Ernteteil: Sproßachsen („Stangen"). Inhaltsstoffe: Kohlenhydrate ca. 2%, Eiweiß ca. 2%, Fett ca. 0,1% (Wasser ca. 94%).

Die Herkunftsgebiete des Spargels sind sowohl im osteuropäischen Raum, in Vorderasien (Gebiete im Iran) als auch in Nordafrika anzunehmen. Als Gemüse ist diese Pflanze bereits aus dem alten Ägypten bekannt. Sie wurde auch in Griechenland und im Römischen Reich genutzt. Nach Mitteleuropa gelangte sie wahrscheinlich im 15./16. Jahrhundert, wo Spargel als Gemüse und auch als Heilpflanze genutzt wurde. Heute wird Spargel weltweit angebaut, die wichtigsten Anbaugebiete sind in der gemäßigten Klimazone zu finden, Anbau in den Tropen ist selten.

Beim Spargel werden die jungen Sprosse genutzt, die sich aus einem Wurzelstock entwickeln. Der Wurzelstock (Rhizom) liegt ca. 20 cm unter der Erdoberfläche. Für die Produktion von Bleichspargel wird über den Rhizomen noch ein Damm von ca. 15 bis 20 cm aufgeworfen. Die Spargelsprossen entwickeln sich dann von den Rhizomen bis zum Durchbrechen der Erdoberfläche unter Lichtausschluß, so daß sie kein Chlorophyll bilden, sondern weiß bleiben. Die Spargelsprossen werden mit einem Spargelmesser gestochen. Es kann eine Länge der Spargelstangen von ca. 25 cm geerntet werden. Im Verkauf ist die Normlänge 22 cm. Die Ernte wird zum überwiegenden Teil frisch vermarktet, die Spargelstangen sind nur begrenzt haltbar (bei kühler und feuchter Lagerung etwa zwei Wochen).

Ein Teil der Ernte wird zu Spargelnaßkonserven verarbeitet. Aus Spargel kann auch Trockengemüse hergestellt werden. Zur Herstellung von Suppen wird Spargelpulver verwendet. Spargel wird überwiegend als Kochgemüse genutzt, wobei ganze Spargelstangen oder auch Stücke von Spargelstangen verwendet werden. Spargel kann auch als Salatbeilage (mit anderen Gemüsearten gemischt) oder in Suppen verwendet werden.

Spargelpflanzen, erntereif

Spargelpflanzen im Herbst

Spargel weist einen verhältnismäßig hohen Anteil an Ballaststoffen (unverdauliche Rohfaser) auf. Als Inhaltsstoffe sind Vitamine (Vitamin C) und Mineralstoffe zu nennen. Die geschmacklichen Eigenschaften ergeben sich aus ätherischen Ölen (Vanillin, Methylmercaptan). Der Wassergehalt liegt um 90%.

Der Spargel ist ein energiearmes, aber ballaststoffreiches Gemüse, das die Nierentätigkeit anregt.

Soll Grünspargel erzeugt werden, sind keine Dämme über den Wurzelstöcken anzulegen. Die Sproßachsen erreichen dann in kurzer Distanz zum Wurzelstock die Erdoberfläche und ergrünen unter Lichteinwirkung. Die geschmacksbestimmenden Inhaltsstoffe werden verstärkt ausgebildet. Die Sproßstangen sind zur Ernte etwa 20 cm lang. Die Verwertung entspricht den Verhältnissen, die für den Bleichspargel gelten.

Bei der Spargelpflanze handelt es sich um ein ausdauerndes Gewächs. Grundlage der Entwicklung der Pflanze ist ein im Boden horizontal wachsendes Rhizom (Erdsproß), an dem sowohl Wurzeln als auch Sproßachsen, die über die Erdoberfläche heraufwachsen, gebildet werden. Diese Sprosse ergrünen und entwickeln sich zu verzweigten, strauchartigen Pflanzen, die eine Höhe von über 2 m erreichen können. Pflanzen mit einem Lebensalter von mehr als zwei oder drei Jahren bilden an diesen Sprossen auch generative Organe. Männliche und weibliche Blüten werden getrennt ausgebildet. Grundsätzlich handelt es sich um eine Pflanzenart, die in bezug auf die generative Ausbildung diözisch angelegt ist. Es finden sich daher Pflanzen mit rein männlichen sowie Pflanzen mit rein weiblichen Blüten.

Für den Anbau sind die rein männlichen Pflanzen interessanter, da sie einen höheren Ertrag bringen und innerhalb der Pflanze keine Konkurrenz in der Assimilatverteilung zu generativen und vegetativen Pflanzenteilen besteht. Bei weiblichen Pflanzen werden Früchte gebildet (Beeren). Es treten aber auch unterschiedliche Stadien an Übergängen zwischen männlich und weiblich ausgebildeten Blüten auf. Im Herbst, mit Einsetzen der kühlen Temperaturen, beginnen die Luftsprosse, sich zu verfärben und zu altern, schließlich sterben sie ab. Die Pflanze überlebt mit dem Rhizom, aus dem im nächsten Frühjahr erneut Sproßachsen angelegt werden, die als Luftsprosse an die Erdoberfläche gelangen. Die Bestände sind langjährig nutzbar, meist zehn bis 15 Jahre. Nach einer Neuanlage kann vom dritten Jahr an der Bestand geerntet werden; maximale Erträge werden im sechsten bis achten Jahr erzielt.

Weiterführende Literatur

Boerner, F.: Taschenwörterbuch der botanischen Pflanzennamen. 4., überarb. u. erw. Aufl., bearb. von G. Kunkel. Verlag Paul Parey, Berlin und Hamburg 1989.

Encke, F., G. Buchheim und S. Seybold (Bearb.): Zander, Handwörterbuch der Pflanzennamen. 13., neubearb. u. erw. Aufl. Verlag Eugen Ulmer, Stuttgart 1984.

Franke, W.: Nutzpflanzenkunde. 4., neubearb. u. erw. Aufl. Georg Thieme Verlag, Stuttgart, New York 1989.

Fritz, D., F. Venter, J. Weichmann und Chr. Wonneberger: Gemüsebau. 9., neubearb. u. erw. Aufl. Verlag Eugen Ulmer, Stuttgart 1989.

Geisler, G.: Pflanzenbau. Ein Lehrbuch – biologische Grundlagen und Technik der Pflanzenproduktion. 2., neubearb. u. erw. Aufl. Verlag Paul Parey, Berlin und Hamburg 1988.

Krug, H.: Gemüseproduktion. Ein Lehr- und Nachschlagewerk für Studium und Praxis. Verlag Paul Parey, Berlin und Hamburg 1986.

Schultze-Motel, J. (Hrsg.): Mansfeld, R.: Verzeichnis landwirtschaftlicher und gärtnerischer Kulturpflanzen (ohne Zierpflanzen). Bd. 1–4. 2., neubearb. u. erw. Aufl. Springer-Verlag, Berlin, Heidelberg, New York, Tokyo 1986.

Souci, G. W., W. Fachmann u. H. Kraut: Die Zusammensetzung der Lebensmittel – Nährwert-Tabellen. Wissenschaftliche Verlagsgesellschaft, Stuttgart 1989.

Voigtländer, G., und H. Jakob. Grünlandwirtschaft und Futterbau. Verlag Eugen Ulmer, Stuttgart 1987.

Sachregister